일반화학실험

Laboratory Experiments for

General Chemistry

경영수 · 김용주 · 백경구 · 윤병집
전상일 · 정은희 · 정진승 · 최석정 지음

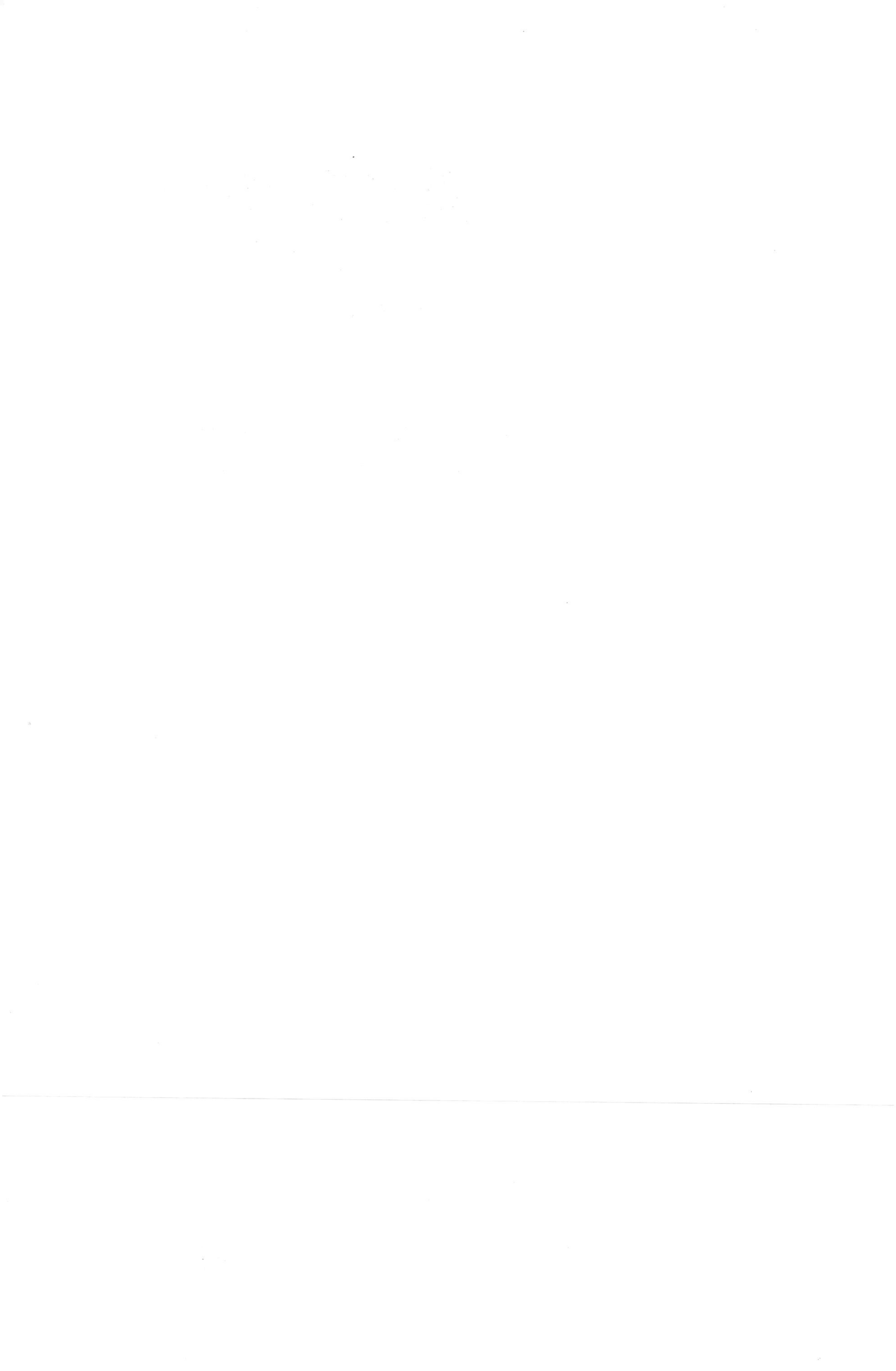

서 문

일반화학실험은 화학분야 뿐만 아니라 공학, 생명공학, 농학, 의학, 치의학, 간호학, 식품학 등 폭넓은 여러 분야의 기초가 되는 중요한 교과목이다. 그런데 요즈음 이들 분야에 진학한 대학생들의 경우에는 고등학교에서 배운 화학의 기초가 예전보다 부족한 편이며, 고등학교에서 전혀 화학을 배우지 않은 경우도 적지 않다. 지금까지의 일반화학실험 교재들을 사용하여 교육한 경험, 특히 학생들의 실습을 직접 지도한 실험조교들의 경험에 의하면, 예전의 기준으로 일반화학실험을 진행하면 많은 학생들이 초반부터 어려워하고, 실험 내용의 진전을 따라가지 못하며, 이것이 결국 일반화학실험 교과목에서 충분한 교육효과를 거두지 못하는 한 원인이 되는 것으로 파악되고 있다. 그래서 일반화학실험 교재는 보다 기초적인 내용에서부터 시작하여야 할 필요성이 제기되고 있으며, 또 한편으로는 일상생활과 관련성이 높은 실험들과 대중매체에서 최근에 자주 언급되는 것들(나노과학, 생명과학, 신소재과학)과 관련된 실험들을 포함시켜 일반화학실험에 대한 학생들의 관심을 계속 유지하도록 배려하여야만 적절한 교육효과를 거둘 수 있다는 필요성도 제기되고 있다.

이번에 새로운 '일반화학실험' 교재를 집필하면서 이러한 점들을 반영하여 화학에 대한 기초가 전혀 없는 학생들을 고려한 매우 기초적이고 쉬운 내용들을 앞부분(1부 화학실험의 기초)에 배치하였다. 예전의 기준으로는 이러한 내용들의 일부는 너무나 기본적인 것들이라서 대학생을 대상으로 하는 교재에 이런 내용들을 굳이 포함시킬 필요가 있는지에 대하여 의아해할 수도 있겠지만, 앞서 언급한 실제 교육경험 때문에 포함시켰다. 두 번째 부분(2부 물질의 분리와 확인)에서는 화학의 기본 대상인 물질을 조작하는 기본 실험들을 배치하여 물질을 직접 조작하는 화학의 기본 정신에 친숙해지도록 유도하였으며, 그 이후부터는 (3부-5부) 널리 사용되고 있는 일반화학 교재들의 일반적인 순서를 염두에 두고 배치하였다. 끝으로, 여러 실험들에서 공통으로 필요로 하는 참고 자료들을 마지막 부분(6부 부록)에 배치하였다.

이 책의 내용들을 집필하면서 다음 사항들을 특히 중요하게 고려하였다. 첫째, 요즈음 대학생들의 특성을 고려하여 보다 쉬운 내용들을 초반부에 배치한다. 둘째, 일반화학 교과서의 내용에 따라 실험을 구분하고 배치함으로써 강의와 실험의 연계성을 높일 수 있도록 한다. 셋째, 컴퓨터를 이용한 가상실험을 포함시켜 컴퓨터에 익숙한 신세대 학생들의 흥미를 유도한다. 특히 직접 실험하기 어려운 내용은 가상실험을 통하여 개념을 이해할 수 있도록 유도한다. 넷째, 기기를 사용하는 실험을 더 많이 포함시켜 실험에서 학생들이 직접 얻게 되는 결과들의 수준을 좀 더 높이도록 하며, 보다 깔끔한 조건에서 실험을 할 수 있도록 배려하여 학생들이 화학실험에 대하여 보다 긍정적인 인식을 가지도록 한다. 다섯째, 일상생활과 관련된 실험 및 대중매체에서 최근에 자주 언급되는 것들(나노과학, 생명과학, 신소재과학)에 관련된 실험들을 포함시켜 학생들의 높은 관심을 유지하도록 한다.

본 교재를 통하여 대학 신입생들이 화학의 기초지식을 더욱 쉽게 습득하고 화학실험 흥미를 가지게 되며, 이를 바탕으로 각자의 전공 분야 학습에 필요한 기초를 튼튼히 할 수 있기를 바란다.

끝으로 본 교재의 집필을 지원해준 '강원신소재NURI사업단'과 책의 출판에 협조해준 (주)북스힐 출판사에 감사드린다.

2024년 1월

저자 일동

차 례

01 실험실 안전규칙과 응급처리 ······ 1
02 기본 실험 기구들 ······ 11
03 실험 결과 정리와 계산의 기본실습 ······ 15
04 실험 보고서 작성법 ······ 23
05 유리 세공과 초자기구 만들기 ······ 27
06 기본 측정 실습 ······ 33
07 정밀도, 정확도, 유효숫자 - 밀도 측정 ······ 43
08 화합물의 물리적 성질과 확인 ······ 53
09 용매 추출 - 카페인의 분리 ······ 61
10 용해도를 이용한 분별결정 ······ 69
11 전기전도성과 화학 결합 ······ 75
12 종이크로마토그래피와 전이금속이온 분리 ······ 79
13 화학반응에서의 양적 관계 ······ 93
14 황산철의 합성 ······ 99
15 분말 야금법에 의한 도금 - 연금술사들의 꿈 ······ 105
16 열량계의 열용량 측정 ······ 109
17 반응열 측정 ······ 115
18 샤를의 법칙과 절대온도 ······ 123
19 기체상수의 결정 ······ 129
20 몰 질량 측정 ······ 135
21 에멀젼의 합성 ······ 141

22 지시약에 의한 pH 측정 149
23 생활 속의 산-염기 분석 155
24 산-염기 적정 161
25 용액의 총괄성질 - 어는점 내림 169
26 양이온의 정성분석 179
27 분광광도계를 이용한 평형상수의 결정 185
28 화학반응속도와 농도 191
29 촉매에 의한 반응속도 변화 197
30 아스피린의 합성 203
31 원자의 전자배치와 오비탈 209
32 아보가드로수의 결정 215
33 화학결합 및 분자의 구조 221
34 착 화합물의 기본 합성 227
35 비누화 반응 233
36 나노 화합물의 합성 241
37 이산화탄소의 승화열 측정 247
38 산화-환원 적정 255
39 전기화학적 서열과 화학전지 261
40 전기분해에 의한 도금 267
41 물의 전기분해 273

부 록 279

1. 국제 단위(SI 단위) _ 281
2. 단위환산표와 기본물리 상수들 _ 282
3. 산의 이온화 상수 _ 283
4. 착이온의 평형상수 _ 284
5. 용해도곱상수(25℃) _ 285
6. 표준환원전위(25℃) _ 286
7. 지시약 _ 288
8. 실험실에서 흔히 쓰이는 시약 _ 289
9. 주기율표 _ 292

01 실험실 안전규칙과 응급처리

실험목적

일반화학 실험실에서 반드시 지켜야 하는 안전규칙들을 익혀 실험실에서 발생할 수 있는 사고를 미연에 방지하도록 하며, 실험실에서 발생할 수 있는 문제 상황에 대처하는 올바른 응급처리의 기본 내용을 익혀 사고가 발생하였을 때의 피해를 줄일 수 있는 준비를 한다.

실험실에서의 주의사항

(1) 실험실에 들어오기 전에 실험할 내용을 잘 읽고, 미리 모든 준비를 완벽히 하여야 한다.

(2) 실험복을 착용하고, 위험한 약품을 취급할 때에는 보호안경을 써야 한다.

(3) **신발은 발등을 덮는 것으로 착용**하고, 불에 쉽게 연소되는 옷을 입지 않도록 한다. **머리가 길면 뒤로 묶는다.**

(4) 잡담, 흡연, 먹고 마시는 것을 금한다.

(5) **화학약품이 피부나 눈에 묻었을 때에는 즉시 물로 충분히 씻고 지도교수에게 보고**한다.

(6) 대부분의 시약은 유독하므로 **맛을 보아서는 안 된다.** 시약의 냄새를 맡고자 할 때에는 얼굴을 향하여 손으로 부채질을 하여 냄새를 맡도록 하고(그림 1-1), 다량의 기체를 흡입하지 않도록 주의한다.

그림 1-1 기체의 냄새를 맡는 방법

(7) 유독성 기체가 발생하거나 위험한 화학약품을 취급할 때에는 **후드 안에서 실험**을 하도록 한다.

(8) 시험관 속의 물질을 가열할 때에는 시험관의 입구가 다른 사람이나 자기 자신을 향하지 않도록 하고, 시험관을 경사지게 하여 용액의 위쪽 부근을 먼저 가열한다(그림 1-2).

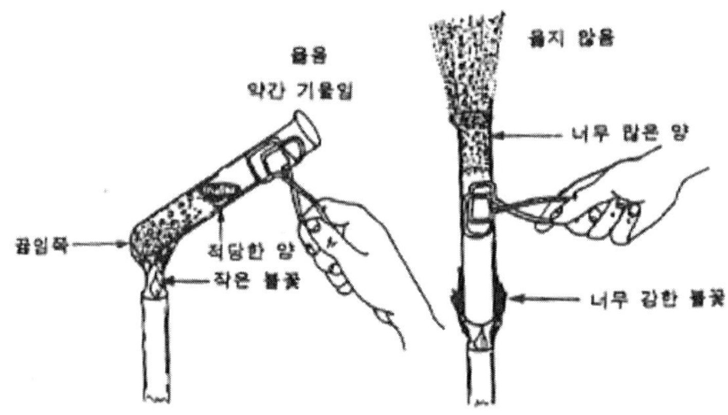

그림 1-2 시험관 속의 물질을 가열하는 법

(9) **지시된 실험 이외의 것은 하지 말고, 실험실에서 혼자 실험하지 않아야 한다.**

(10) 깨진 유리조각, 잘 녹지 않는 고체, 성냥개비, 거름종이 등은 **싱크대에 버리지 말고** 쓰레기통에 넣어 분리수거 하도록 한다.

(11) 유리관이나 온도계를 마개 속에 끼워 넣을 때에는 마개의 구멍을 매끄럽게 하기 위해서 글리세린이나 물을 바르고 막대를 수건으로 싸서 무리한 힘을 주지 않고 좌우로 돌려서 넣는다(그림 1-3).

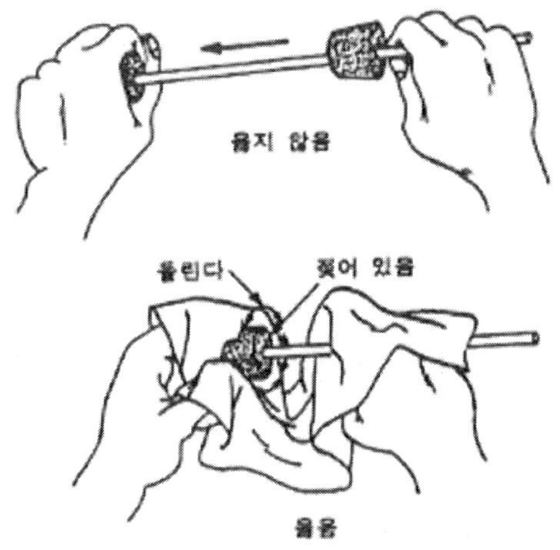

그림 1-3 유리관이나 온도계를 마개 속에 끼워 넣는 방법

(12) <u>산을 묽힐 때에는 물에 산을 천천히 잘 저어주면서 넣어야</u> 한다(그림 1-4(a)). 만약 진한 산에 물을 넣으면 용액의 열이 물을 끓게 하여 산이 밖으로 튄다(그림 1-4(b)).

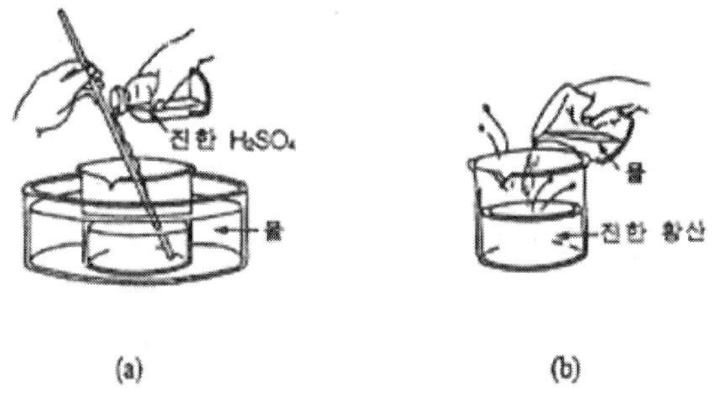

그림 1-4 묽은 황산의 제법

(13) 시약은 반드시 **시약병의 표지를 확인한 후 사용**한다.

(14) 특별한 지시가 없는 한 **쓰다 남은 시약을 다시 시약병에 넣지 않는다.**

(15) 기구와 실험대 위는 언제나 깨끗이 유지해야 한다.

(16) 뜨거운 유리 기구와 찬 유리 기구는 똑같아 보이므로 **집게를 사용하여 유리를 집도록** 한다.

(17) 가연성 유기용매(알코올, 아세톤, 에테르 등)는 불꽃에서 멀리 떨어진 곳에 보관한다.

(18) **소화기 및 소방용 담요의 위치를 잘 알아두어** 화재가 발생했을 때 이들을 이용하여 신속히 불을 끄도록 한다.

(19) 사고가 발생했을 경우에는 즉시 담당교수에게 보고한다.

(20) 실험에 사용한 **시약은 싱크대에 버리지 말고, 반드시 정해진 폐수 통**에 버린다.

실험실에서의 응급처리

(1) 화재가 발생하였을 때

버너, 전기 등의 열원을 모두 끄고 인화성 물질을 먼 곳으로 옮기며, 화학화재용 소화기 또는 모래를 사용하여 소화 작업을 한다. <u>유기 용매에 불이 붙었을 경우에는 절대 물을 사용해서는 안 된다</u>.

(2) 옷에 불이 붙었을 때

당황하여 뛰지 말고 담요나 실험복을 덮어 불을 끈다. 얼굴 부근의 불이 아닐 경우에는 화학화재용 소화기를 사용해도 좋다. 유기 용매에 의한 불이 아닐 경우에는 물은 사용할 수도 있다.

(3) 불에 의한 화상

물로 씻지 말고 우선 연고를 바른 후 적절한 치료를 받는다.

(4) 산에 의한 화상

즉시 다량의 물로 씻은 다음 묽은 탄산수소나트륨 용액으로 씻는다. 화상이 심할 경우 의사가 검진하기 전에 기름이나 그리스를 바르면 안 된다.

(5) 알칼리에 의한 화상

즉시 다량의 물로 씻은 다음 아주 묽은 초산용액으로 씻는다. 역시 심할 경우에 의사 검진 전에는 기름이나 그리스를 바르지 않는다.

(6) 페놀에 의한 화상

화상을 입은 곳을 먼저 알코올로 씻고, 화상이 심하지 않으면 붕대로 감아둔다.

(7) 눈에 시약이 들어갔을 때

알칼리가 눈에 들어갔을 때에는 붕산 세안-액으로 씻고, 산이 눈에 들어갔을 때에는 묽은 탄산수소나트륨 용액으로 씻는다. 그 다음에는 다량의 물로 씻고 지체 없이 의사의 검진을 받아야 한다.

(8) 유독한 기체를 들이마셨을 때

즉시 통풍이 잘 되는 곳으로 옮기고 앉거나 누워서 깊게 호흡한다. 할로겐을 들이마셨을 때에는 적신 솜뭉치로 증기를 흡입하면 기분이 좋아진다. 다량의 기체를 흡입하였을 경우에는 즉시 의사의 검진을 받아야 한다.

(9) 시약을 마셨을 때

즉시 손을 입에 넣어 토하도록 한 후, 의사의 응급처치를 받도록 한다.

(10) 베었을 때

에탄올로 소독하고, 거름종이 또는 깨끗한 수건을 사용하여 지혈이 되도록 한다.

(11) 폭발이 발생했을 때

일단 실험실에서 모든 학생을 대피시키고, 화재가 발생하였을 경우에는 방독면을 착용하고 화학-화재용 소화기를 사용하여 불을 끈다. 실험실의 통풍이 잘 되도록 조처하고 유독성 기체가 없음을 확인한 후 뒤처리를 한다.

01 실험실 안전규칙과 응급처리 결과보고서

학 과 : 학 번 : 이 름 :

실험조 : 실험일 :

(1) 학생 A는 실험시간에는 실험복을 입어야 한다는 규정을 어기고, 춥다는 이유로 패딩점퍼를 입은 채 실험에 참여하다, 뜨거운 가열교반기에 점퍼가 녹아 구멍이 났다. 이 경우, 학생 A에 대한 실험조교의 처리는 어떤 것이라고 배웠는가? (　　　)

① 점퍼를 꿰매준다.

② A군의 출석을 불인정 하며 태도 점수도 감한다.

③ "그러게 실험복을 입었어야지."하며 타이르기만 한다.

④ 모른 척 넘어간다.

⑤ 새 점퍼를 살 수 있게 점퍼 값을 물어준다.

(2) 실험실에서 지켜야 할 다음 주의 사항 중 <u>틀린 것</u>을 하나 고르시오. (　　　)

① 실험실에 들어오기 전에 실험할 내용을 잘 읽고, 미리 모든 준비를 확실하게 한다.

② 화학약품이 피부에 묻었을 때는 그 즉시 물로 충분히 씻고 조교에게 보고한다.

③ 실험하다 깨뜨린 유리 기구는 싱크대에 버린다.

④ 화재가 났을 때를 대비해 소화기의 사용법과 위치를 미리 알아둔다.

⑤ 특별한 지시가 없는 한 쓰다 남은 시약을 다시 시약병에 넣지 않는다.

※ 다음 설명이 맞으면 O, 틀리면 X로 표시하시오.

(3) 염산, 황산 등의 신한 산을 묽힐 때, 진한 산에 물을 넣게 되면 용액의 열이 물을 끓게 해 산이 밖으로 튀어 위험하다. (　　　)

(4) 시약의 냄새를 맡을 때에는 시약병에 코를 가까이 대고 직접 맡는다. (   )

(5) 신발은 발등을 덮는 것을 착용하고, 긴 머리는 묶어 시약에 닿지 않게 한다.
(   )

(6) 실험실에서의 응급처리로 잘못된 것을 고르시오. (   )
① 불에 의한 화상 - 우선 연고를 바른다.
② 산에 의한 화상 - 즉시 다량의 물로 씻은 다음 묽은 탄산수소나트륨 용액으로 씻는다. 심할 경우 의사의 검진 전에 기름이나 그리스를 바르면 안 된다.
③ 옷에 불이 붙었을 때 - 당황해 뛰지 말고 담요나 실험복을 덮어 불을 끈다.
④ 시약을 마셨을 때 - 손을 입에 넣어 토하게 한 후 의사의 응급처치를 받도록 한다.
⑤ 손을 베었을 때 - 휴지로 둘둘 말아 지혈을 한다.

(7) 학생 C는 밀린 과제 때문에 점심을 먹지 못하고 매점에서 빵과 우유를 사 들고 실험실에 들어가 수업시간에 조교의 설명을 들으면서 빵과 우유를 먹었다. C씨가 잘못하고 있는 부분을 지적하여 설명하시오.
(   )

(8) 실험을 하다가 유리 기구를 깨뜨렸다. 어떻게 처리해야 하는지 설명하시오.
(   )

(9) 다음 학생들의 태도 중 <u>올바른 것</u>을 고르시오. (   )
① 소희-실험에 사용하고 남은 염산용액을 싱크대 배수구에 버렸다.
② 선예-날씨가 덥다며 실험복을 입지 않고 실험에 참여했다.
③ 예은-실험이 끝난 뒤 실험 테이블과 의자 등을 가지런히 정리하고 실험실을 나섰다.
④ 선미-실험조교의 확인을 받은 후, 실험복을 대충 던져놓고 실험실을 나갔다.
⑤ 유빈-실험을 시작하기 전 실험조교가 없는 상태에서 실험을 시작했다.

(10) 실험실에서 화재가 났을 경우, 화재를 진압하기 위한 소화기의 사용방법을 순서대로 나열하시오. (→   →   )

A	B	C
안전핀을 뽑는다.	불이 난 쪽으로 호스를 댄다.	손잡이를 세게 움켜쥔다.

(11) 실험실 내 혹은 가장 가까운 곳에 있는 소화기의 위치를 적으시오.

(   )

(12) 실험을 하다가 피부에 염산을 조금 쏟았을 경우 적절한 조치로 올바른 것은?

(   )

① 휴지로 대충 닦아낸다.

② 흐르는 물로 씻은 다음 묽은 탄산수소나트륨 용액으로 씻는다.

③ 실험복으로 쓱쓱 닦아낸다.

④ 염산이 묻었다고 실험실을 뛰어다니며 소리 지른다.

⑤ 119에 신고한다.

(13) 실험실에서의 주의사항으로 옳은 것은? (   )

① 날씨가 춥거나 더우면 실험복을 입지 않아도 된다.

② 시약의 특성을 분석하기 위해 맛을 본다.

③ 지시된 실험 이외의 것도 실험조교의 허락 없이 할 수 있다.

④ 산성 용액을 묽힐 때에는 물에 산을 천천히 잘 저어주면서 넣어야 한다.

⑤ 기구와 실험대 위는 지저분해도 된다.

(14) 실험 중 옷에 불이 붙었을 때의 응급조치 방법으로 옳은 것을 고르시오.

( )

① 알 수 없는 시약을 부어 불을 끈다.

② 물을 부어 불을 끈다.

③ 불이 붙건 말건 실험을 계속한다.

④ 발로 밟아 불을 끈다.

⑤ 당황해 뛰지 말고 실험복이나 담요를 덮어 불을 끈다. 얼굴 부근의 불이 아닐 경우에는 소화기를 사용해도 좋다.

(15) 시약의 냄새를 맡고자 할 때, 간접적으로 손으로 부채질을 해서 맡는다. 그 이유를 간단하게 설명해보자.

( )

(16) 실험실 내에서 담배를 피우는 행동은 옳지 못하다. 그 이유를 간단하게 설명해보시오.

( )

(17) 실험실 내 혹은 가장 가까운 곳에 있는 구급약 상자의 위치를 적으시오.

( )

(18) 실험실 내 혹은 가장 가까운 곳에 있는 폐수통의 위치를 적으시오.

( )

02 기본 실험 기구들

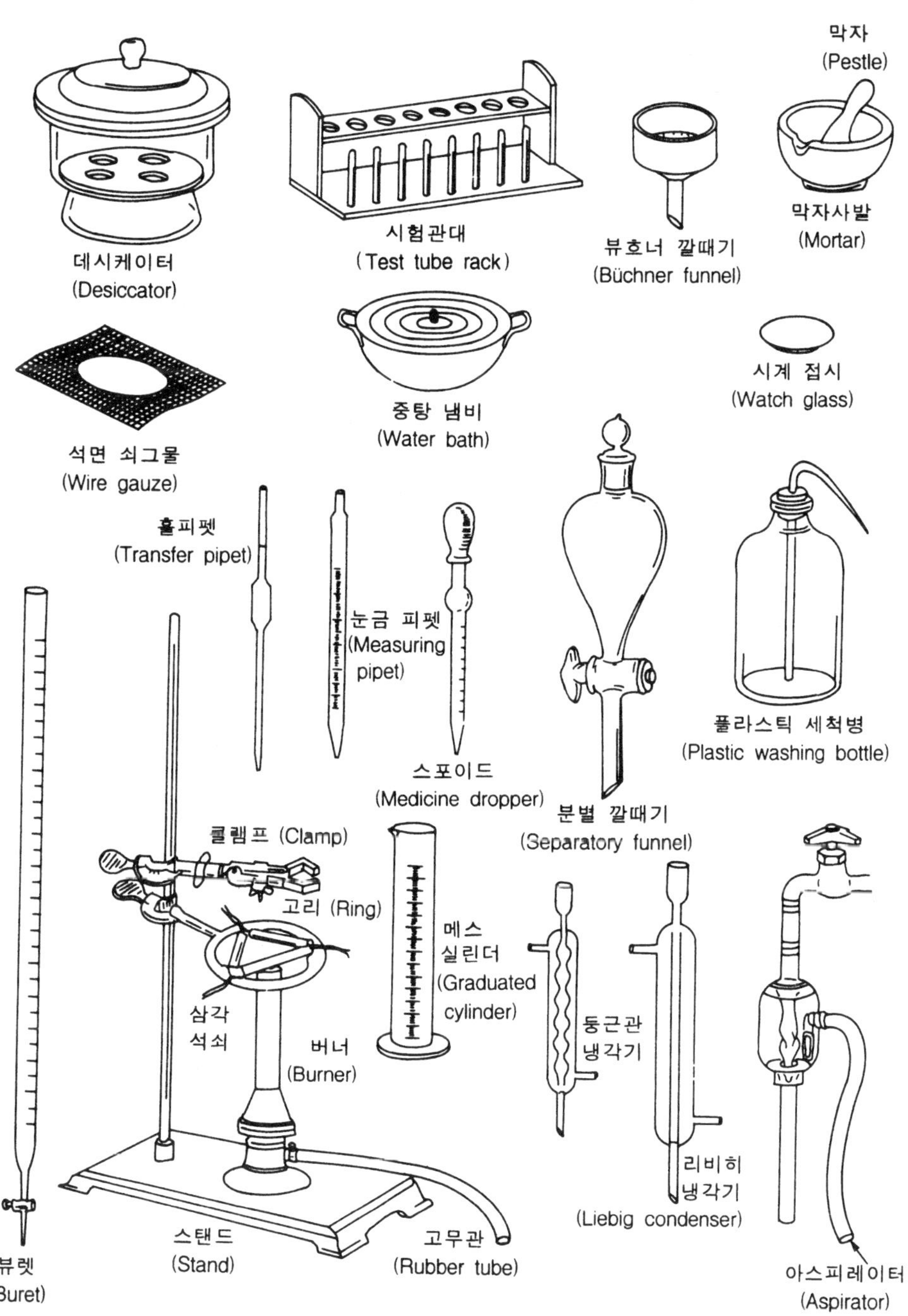

막자
(Pestle)
데시케이터
(Desiccator)
시험관대
(Test tube rack)
뷰흐너 깔때기
(Büchner funnel)
막자사발
(Mortar)
석면 쇠그물
(Wire gauze)
중탕 냄비
(Water bath)
시계 접시
(Watch glass)
홀피펫
(Transfer pipet)
눈금 피펫
(Measuring
pipet)
스포이드
(Medicine dropper)
분별 깔때기
(Separatory funnel)
플라스틱 세척병
(Plastic washing bottle)
클램프 (Clamp)
고리 (Ring)
메스
실린더
(Graduated
cylinder)
삼각
석쇠
버너
(Burner)
둥근관
냉각기
리비히
냉각기
(Liebig condenser)
뷰렛
(Buret)
스탠드
(Stand)
고무관
(Rubber tube)
아스피레이터
(Aspirator)

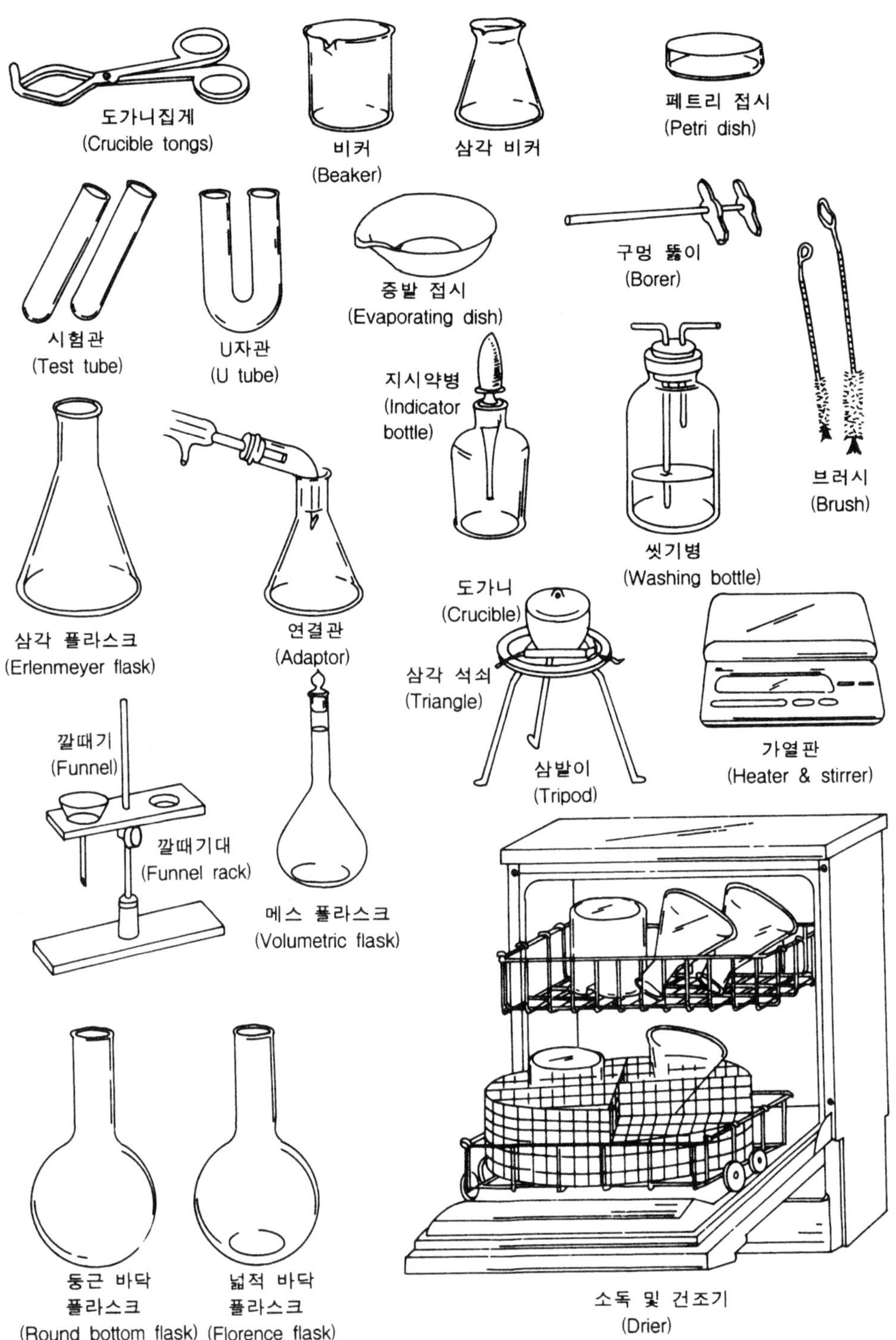
도가니집게
(Crucible tongs)
비커
(Beaker)
삼각 비커
페트리 접시
(Petri dish)
시험관
(Test tube)
U자관
(U tube)
증발 접시
(Evaporating dish)
구멍 뚫이
(Borer)
지시약병
(Indicator
bottle)
브러시
(Brush)
씻기병
(Washing bottle)
삼각 플라스크
(Erlenmeyer flask)
연결관
(Adaptor)
도가니
(Crucible)
삼각 석쇠
(Triangle)
삼발이
(Tripod)
가열판
(Heater & stirrer)
깔때기
(Funnel)
깔때기대
(Funnel rack)
메스 플라스크
(Volumetric flask)
둥근 바닥
플라스크
(Round bottom flask)
넓적 바닥
플라스크
(Florence flask)
소독 및 건조기
(Drier)

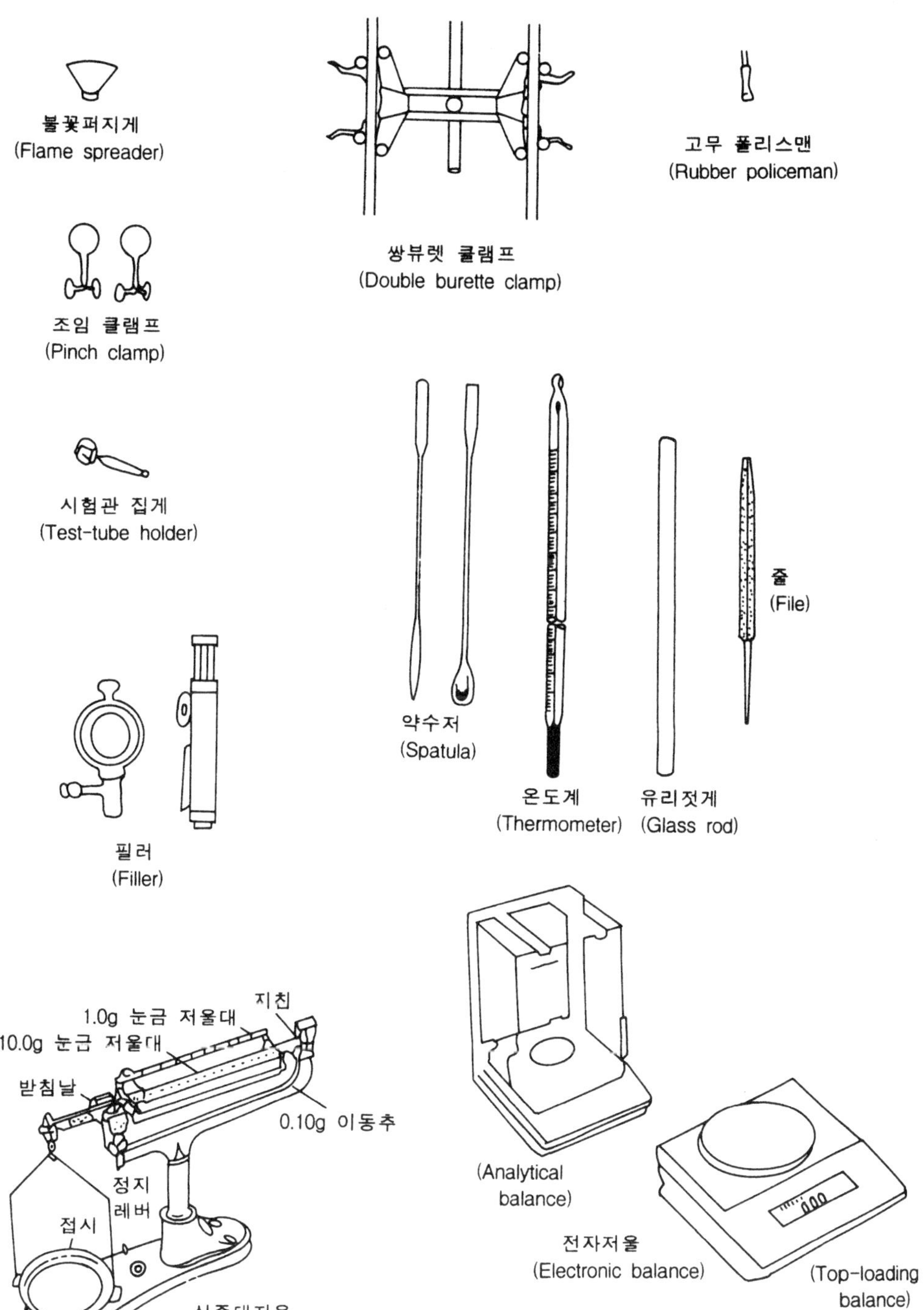

불꽃퍼지게
(Flame spreader)
쌍뷰렛 클램프
(Double burette clamp)
고무 폴리스맨
(Rubber policeman)
조임 클램프
(Pinch clamp)
시험관 집게
(Test-tube holder)
줄
(File)
약수저
(Spatula)
필러
(Filler)
온도계
(Thermometer)
유리젓게
(Glass rod)
지침
1.0g 눈금 저울대
10.0g 눈금 저울대
받침날
0.10g 이동추
정지
레버
접시
삼중대저울
(Triple-beam balance)
(Analytical
balance)
전자저울
(Electronic balance)
(Top-loading
balance)

03 실험 결과 정리와 계산의 기본실습

실험목적

일반화학 실험에서는 정성적인 관찰도 중요하지만, 정량적인 측정도 가장 중요한 요소 중 하나이다. 실험 결과로 구해지는 측정값들을 올바르게 정리하고 분석하는데 필요한 기본 사항들을 이해하여, 이후에 진행할 실험들을 위한 기초를 확실하게 익히는 것이 이번 장의 목적이다.

여기서 설명하는 내용들은 너무나 기본적인 사항이지만 대학 신입생들이 흔히 실수하거나 혼동하는 것들이기 때문에 처음 단계에서 다시 한 번 더 정리하고 잘 익혀야 한다.

원리

수학에서는 숫자 자체가 중요한 의미를 지니지만, 자연과학에서는 단위를 포함하지 않은 숫자는 의미가 없거나 그 의미가 혼란스러울 뿐이다. 따라서 자연과학에서의 계산에서는 숫자들 사이의 계산뿐만 아니라 단위들 사이의 계산도 반드시 함께 수행하여야만 올바르고 간결한 정리와 의미 있는 분석이 가능하다. 실험결과로 구해진 값들을 사용한 계산에서는 다음 원칙들을 지켜야 한다. 또한 대학 신입생들은 여러 개의 매우 큰 수 또는 매우 작은 수들을 여러 단계로 계산하는 경험이 많지 않아서, 이러한 경우에 필요한 기본 원리들도 여기서 함께 설명한다.

(1) 측정값은 반드시 단위와 함께 표기하여야 한다.

즉 단순히 125라는 수는 수학에서는 의미가 있겠지만 자연과학에서는 그 의미가 아예 없거나 매우 모호할 뿐이다. 125 mg, 125 g, 125 mm, 125 cm, 125 mL, 125 L,

125 개, 125 mol, 125 ℃ 등과 같이 반드시 그 수치가 의미하는 단위를 함께 기입하여야 한다. 그리고 수와 단위 사이에는 빈칸을 하나 띄어야 한다. 즉 125mL로 쓰지 말고 125 mL로 적는 것이 원칙이다.

(2) 덧셈과 뺄셈은 동일한 물리량이면서 동일한 단위의 값들끼리만 하여야 한다.

예를 들어 325 mL+34 mg과 같은 계산은 서로 다른 물리량들 사이의 덧셈이기 때문에 타당하지 않은 계산이라는 것은 학생들이 너무나 잘 아는 사실이다. 한편, 325 mL +3.5 L와 같은 계산은 두 값이 같은 물리량(부피)을 나타내기 때문에 덧셈을 하는 것이 타당하기는 하지만, 325 mL+3500 mL=3825 mL, 또는 0.325 L+3.5 L=3.825 L와 같이 일단 두 값을 동일한 단위로 통일 시킨 후 덧셈을 하여야 한다. 이것은 너무나 기본적인 사항이면서도, 실제로는 주의를 소홀이하여 학생들이 자주 실수하는 것들 중 하나이다.

(3) 다른 물리량들 사이의 곱셈과 나눗셈은 그 나름의 의미가 있다.

중요한 사실은 다른 물리량들을 곱하거나 나눌 때는 수치 값들 사이의 계산 결과뿐만 아니라 그 **단위들끼리 곱하거나 나눈 결과도 반드시 함께 표기하여야 한다.** 예를 들면, 200 g을 50 mL로 나누는 경우에는 수치 값들 사이의 나눗셈의 결과(200÷50=4)뿐만 아니라 단위들끼리 나눗셈을 한 결과인 g÷mL=g/mL를 함께 표기하여 200 g÷50 mL =4 g/mL라고 표기하는 것이 적합한 과학적인 계산 결과이며, 이것이 바로 밀도를 계산하는 올바른 과정이다. 또 다른 예들 들면, 시속 100 km의 속도로 3 시간동안 이동한 거리를 계산하는 경우에 속도(100 $\frac{km}{시간}$)와 시간을 곱하여 100 $\frac{km}{시간}$× 3 시간 =(100×3)($\frac{km}{시간}$×시간)=300 km라는 단계로 계산하는 것이 올바른 계산이다.

이렇게 숫자들끼리만 아니라 단위들끼리도 곱하거나 나눈 결과를 항상 함께 기록하고 정리하면 최종 결과가 원래 계산하려던 물리량(이 경우에는 이동한 거리)에 해당하는 올바른 단위(거리 단위인 km)를 가지는지 아닌지를 확인할 수 있고, 이 사실로부터 올바른 계산이 이루어졌는지를 확인할 수 있다. 이러한 방식을 단위-인자-방법(unit factor method) 또는 차원-분석법(Dimensional Analysis Method)이라고 부르는데, 서로 다른 물리량들을 서로 곱하고 나누고 더하고 빼는 매우 여러 단계의 계산을 거쳐야

하는 복잡한 수식에 대한 계산의 경우에는 이러한 차원-분석법이 매우 중요하고 효과적인 방법이다. 앞으로 일반화학실험을 배우는 과정에서 측정값들 사이의 곱셈-나눗셈에서는 숫자들 사이의 곱셈-나눗셈뿐만 아니라 단위들 사이의 곱셈-나눗셈의 결과도 항상 함께 표기하여야 한다는 원칙을 잘 지키면서 앞으로 차차 복잡한 계산을 꾸준히 수행해 나가면, 이러한 차원-분석법을 저절로 익히고, 그 중요성과 효율성을 스스로 깨닫게 될 것이다.

서로 다른 물리량 단위들을 곱하고 나눈 결과를 표시할 때, 혼동이 없는 경우에는 단위들을 그냥 붙여서 표기하여도 되지만 혼동이 염려되는 경우에는 단위들 사이에 가운데 점을 찍어서 표시한다. 예를 들어 길이와 질량의 단위를 곱한 결과가 mkg인 경우에는 그대로 표기하여도 혼동이 없지만, 그 결과가 mg인 경우에는 이것이 길이(m)와 질량(g)을 곱한 결과인지 아니면 단순히 질량의 작은 단위(mg)인지 명확하지 않을 수 도 있다. (대부분의 경우에 이것은 질량의 작은 단위인 mg으로 이해된다.) 만약 이 경우에 길이(m)와 질량(g)을 곱한 결과를 굳이 표현하고자 한다면 가운데 점을 사용하여 m·g이라고 표기하여야 한다. 그러나 이것은 그다지 좋은 표기 방법이 아니며, 4장에서 설명하는, 길이와 질량의 기본 SI 단위인 m와 kg을 사용하면서 아래에 설명하는 지수표기를 함께 이용하여 10^{-3} mkg이라고 표기하는 것이 가장 적합한 방법이다. 한편, 서로 곱해지는 단위들 사이의 순서에 대해서는 엄격한 규칙이 없는데, 10^{-3} mkg라는 표기보다는 단위의 순서를 바꾸어서 10^{-3} kgm로 표시하는 것이 실제로는 가장 자연스러운 표기이다.

(4) 과학적 표기법

측정값이 매우 크거나 매우 작은 경우에는 지수 표기법을 사용하는 과학적 표기법으로 기록하는 것이 원칙이다. 예를 들어 0.00000000243 g은 고정 표기법(fixed notation)이며 이것을 2.43×10^{-9} g으로 표기하는 것이 지수 표기법이다. 마찬가지로, 고정표기법으로 35400000 L인 것이 지수표기법으로는 3.54×10^{7} L이다. 이와 같이 어떤 값을 두 수를 곱한 형태($N\times10^{\pm n}$)로 표기하는 지수 표기법에서 N을 1과 9.999… 사이의 수로 표시하는 것을 과학적 표기법이라고 한다. 따라서 고정 표기법으로 주어진 원래의 측정값을 과학적 표기법으로 표시하려면 소수점의 위치를 오른쪽 혹은 왼쪽으로 움직여 그 값(N)이 1과 9.999… 사이의 수가 되도록 하며, 이 때 소수점을 이동시킨 회수가

n이며 이동시킨 방향이 오른쪽이면 −n, 왼쪽이면 +n(혹은 그냥 n)을 지수부분($\times10^{\pm n}$)에 사용하여 $N\times10^{\pm n}$형태로 적는다.

예를 들어 지구의 지름을 고정표기법으로 적으면 12760000 m이며, 이 값을 1과 9.999… 사이의 수로 만들기 위하여 (수의 가장 뒤에 있는) 소수점의 위치를 왼쪽으로 7칸 이동시키면 1.276이 되기 때문에 이 값을 과학적 표기법으로 적으면 $1.276\times10^{+7}$ m가 되는데, 이것을 보통 1.276×10^{7} m로 표기한다.

반면, 식물세포의 지름은 고정 표기법으로 0.00001276 m이며 이 값을 1과 9.999… 사이의 수로 만들기 위하여 소수점의 위치를 오른쪽으로 5칸 이동시켜야 하기 때문에 과학적 표기법으로는 1.276×10^{-5} m이다.

(5) 지수 표기법 사이의 계산

과학실험의 결과 값들을 정리하고 분석하는 과정에는 위에서 설명한 과학적 표기법(지수 표기법)으로 나타낸 값들 사이의 대수 계산이 필요하다.

먼저 덧셈과 뺄셈을 할 때는 지수부분($10^{\pm n}$)을 통일 시킨 후계산하여야 한다. 즉 2.5×10^{3}과 4.213×10^{5}를 더하려면 먼저 지수부분을 105로 통일하여 $0.025\times10^{5}+4.213\times10^{5}=4.238\times10^{5}$로 계산하거나, 또는 10^{3}로 통일하여 $2.5\times10^{3}+421.3\times10^{3}=423.8\times10^{3}=4.238\times10^{5}$ 방식으로 계산하여야 한다.

나누어지는 수의 지수 부분 부호를 바꾸어 곱셈 형태로 나타낼 수 있다. 즉 M이라는 수를 $N\times10^{+n}$로 나누는 경우, $M\div(N\times10^{+n})$, 이것은 $(M\div N)\times10^{-n}$로 계산할 수 있다. 예를 들어 $3.15\div(3\times10^{23})=(3.15\div3)\times10^{-23}=1.05\times10^{-23}$과 같이 계산할 수 있다.

곱셈과 나눗셈을 하는 경우에는 지수부분을 통일할 필요 없으며, 지수표현 앞부분의 숫자들 끼리 곱셈 또는 나눗셈을 한 후, 지수부분끼리 따로 계산한 결과를 함께 써 주면 된다. 곱셈인 경우에는 지수부분의 n값끼리 더해주고, 나눗셈인 경우에는 앞 숫자의 지수부분 m값에서 뒤 숫자의 지수부분 n 값을 빼주면 된다. 즉, 곱셈의 경우에는 $(M\times10^{m})\times(N\times10^{n})=(M\times N)\times10^{m+n}$이고, 나눗셈의 경우에는 $(M\times10^{m})\div(N\times10^{n})=(M\div N)\times10^{m-n}$이 된다. 예를 들어 $(8.75\times10^{3})\times(3.2\times10^{21})=(8.75\times3.2)\times10^{3+21}=28\times10^{24}=2.8\times10^{25}$인 반면에 $(2.8\times10^{15})\div(3.2\times10^{27})=(2.8\div3.2)\times10^{15-27}=0.875\times10^{-12}=8.75\times10^{-13}$이다.

거듭제곱의 경우에는 앞의 수를 거듭제곱해 주고, 지수부분의 n값은 거듭제곱값을 곱해준다. 즉 $(M\times10^{m})^{n}=M^{n}\times10^{m\times n}$으로 계산한다. 예를 들어 $(4\times10^{5})^{3}=4^{3}\times10^{5\times3}$ $=64\times10^{15}=6.4\times10^{16}$ 이다. 한편 제곱근 또는 세제곱근은 지수부분에 분수를 사용하여 표시할 수 있다. 예를 들어 $\sqrt{(9\times10^{6})}=(9\times10^{6})^{1/2}=9^{1/2}\times(10^{6})^{1/2}=9^{1/2}\times10^{6\times1/2}=\sqrt{9}\times10^{3}$ $=3\times10^{3}$이며, 마찬가지 방식으로 $\sqrt[3]{(8\times10^{-9})}=(8\times10^{-9})^{1/3}=8^{1/3}\times(10^{-9})^{1/3}=8^{1/3}\times10^{-9\times1/3}$ $=\sqrt[3]{8}\times10^{-3}=2\times10^{-3}$이다.

한편, 과학적 표기법에서는 10의 지수 값을 항상 정수로 표시하여야 하기 때문에 은 제곱근 또는 세제곱근의 수를 다루는 경우에는 미리 10의 지수부분을 조정한 후 계산하는 것이 좋다. 예를 들어 $\sqrt[3]{(2.7\times10^{10})}$을 계산하는 경우에 $(2.7\times10^{10})^{1/3}=2.7^{1/3}$ $\times(10^{10})^{1/3}=2.7^{1/3}\times10^{10\times1/3}=\sqrt[3]{2.7}\times10^{3.333\cdots}=1.39247665\times10^{3.333\cdots}$ 방식으로 계산하는 것 보다는 세제곱근 안의 지수부분을 미리 적절하게 조절하여 $\sqrt[3]{(2.7\times10^{10})}=\sqrt[3]{(27\times10^{9})}$ $=(27\times10^{9})^{1/3}=27^{1/3}\times(10^{9})^{1/3}=27^{1/3}\times10^{9\times1/3}=\sqrt[3]{27}\times10^{3}=3\times10^{3}$와 같은 방식으로 계산하는 것이 계산 도중의 혼란과 실수를 줄이는 요령이다.

03 실험결과 정리와 계산의 기본 실습 결과보고서

학 과 : 학 번 : 이 름 :

실험조 : 실험일 :

(1) 다음 표기들 중 실험값을 표현하는 것으로 적합하면 괄호 안에 O 표시를 하고 그렇지 않으면 X 표시를 한 후, 적합하지 않은 이유를 간단하게 적으시오.

① −273.15 ℃ ( )

② 6.02×10^{23} ( )

③ 24개 ( )

④ 1.667×10^{-27} kg ( )

(2) 다음 계산 과정을 적고, 계산 결과를 적합한 과학적 표기법으로 적으시오. 만약 주어진 계산이 과학적으로 무의미 하거나 의미가 불명확하다면 X표시를 하고, 그 이유를 설명하시오.

① 65.2 kg + 1200 g =

② 65.2 kg × 1200 g =

③ 65.2 kg + 1200 L =

④ 65.2 kg × 1200 m =

⑤ 65.2 kg ÷ 1200 mL =

⑥ 6.0 kg ÷ 12 g/mol =

⑦ 16.0 g/mol × 2.52×10^{-5} mol ÷ 22.4 L =

⑧ (0.082 $L\cdot atm\cdot mol^{-1}\cdot K^{-1}$ × 298.15 K) ÷ (0.75 atm × 350 mL) =

(3) 다음 계산 과정을 적고, 계산 결과를 적합한 과학적 표기법으로 적으시오.

① 1.667×10^{-31} kg × 3.0×10^{8} $m\cdot s^{-2}$ =

② 0.52×10^{-10} m $\div$ 6.02×10^{23} mol^{-1} =

③ 1.667×10^{-31} kg $\times$ 3.0×10^{8} $m\cdot s^{-2}$ $\times$ 0.52×10^{-10} m $\times$ 6.02×10^{23} mol^{-1} =

④ 1.667×10^{-31} kg $\div$ 3.0×108 $m\cdot s^{-2}$ $\times$ 0.52×10^{-10} m $\div$ 6.02×10^{23} mol^{-1} =

⑤ $\sqrt{3.6\times10^{9}\ m^{2}}$ =

⑥ $\sqrt[3]{1.25\times10^{-7}\ cm^{3}}$ =

⑦ $\sqrt{6.4\times10^{-31}\ kg^{2}}$ $\div$ $(2.0\times10^{-6}\ m)^{2}$ =

⑧ $(2.0\times10^{-3}\ kg)^{-4}$ $\div\sqrt[3]{2.7\times10^{-32}\ L^{3}}$ =

⑨ $\sqrt{6.4\times10^{-31}\ m^{2}}$ $\times$ $(2.0\times10^{-6}\ m)^{3}$ $\div$ $(2.0\times10^{-3}\ kg)^{-4}$ $\times$ $\sqrt[3]{2.7\times10^{-32}\ L^{3}}$ =

⑩ $\sqrt{6.4\times10^{-31}\ m^{5}}$ $\times$ $(2.0\times10^{-6}\ ℃)^{3}$ $\div$ $(2.0\times10^{-3}\ s)^{-4}$ $\times$ $\sqrt[3]{2.7\times10^{-32}\ kg^{5}}$ =

(4) 다음에 설명한 내용을 과학적 표기법을 사용하여 계산하는 과정을 설명하시오.

> 탄소 원자 하나의 평균 질량은 12.01 원자질량단위(amu)이고 1 amu의 실제 값 1.6605×10^{-27} kg이다. 그리고 탄소 1 mol에는 탄소원자가 6.02×10^{23} 개 들어있다. 한편 세 변의 길이가 1.2 m인 밀폐된 용기에 순수한 탄소 원자 3.2 mol만이 기체 상태로 가득 채워져 있는 경우에, 이 탄소기체의 밀도를 계산하시오. 밀도는 질량을 부피로 나눈 값으로 정의된다.

04 실험 보고서 작성법

실험보고서는 실험에서 관찰한 사항을 기록하고 정리해 놓은 매우 중요한 문서이다. 실험보고서로 사용하기 좋은 기록 노트는 휴대하기 편하고 좌우가 구분되어 있으며, 중간에 손실되는 부분이 있을 경우 표시가 나는 노트를 사용하는 것이 좋으며, 노트 구입 후 목차를 적을 수 있는 부분을 몇 장 남겨두고 페이지 수를 바로 기록하는 것이 좋다.

실험보고서 작성 시 가장 기본이 되는 지침은 제 3자가 실험보고서를 보고 같은 실험을 정확히 재현할 수 있도록 자세히 기록하는 것이다. 무엇보다도 실험보고서는 실험에 필요한 재료 및 시약, 자료들과 실험방법이 자세히 기록되어 있어야하고 실험 수행자가 실험 중 관찰한 사항과 실험결과들이 정확히 기록되어 있어야한다.

실험 결과 값들을 기록할 때는, 반드시 단위를 함께 기록하여 혼란을 방지하여야 한다. 예를 들어 단순히 25.0이라는 숫자만 적어 놓으면, 실험자가 아닌 다른 사람이 실험 보고서를 보았을 때, 이것이 25.0 mL, 25.0 L, 25.0 mg, 25.0 g, 25.0 ℃, 25.0 mm, 25.0 cm들 중 어떤 것이 해당하는지 혼동할 수 있기 때문이다. 수학이 아닌 과학에서는 단위를 포함하지 않은 수는 그 의미가 매우 모호해 질 수 있다는 사실을 염두에 두어야 한다.

실험보고서의 작성 순서는 다음과 같다.

1. 제목(title)과 날짜(date)

실험의 주요 요지를 나타내는 실험 제목을 쓰고 실험 날짜를 정확히 기록한다.

2. 실험목적(purpose)

실험을 통해 이해하고 싶은 내용 혹은 증명하고 싶은 현상에 관해 간단히 쓴다.

3. 원리(principles)

(1) 이론 전개

실험의 중요성 및 실험에서 사용되는 용어 설명, 실험에서 확인하고자하는 정의 및 개념, 실험에서 사용하고자 하는 수식에 대한 설명과 같은 이론적인 전반적인 내용에 대해 기록한다. 즉, 실험과 관련된 기본 원리에서 응용까지 참고할 수 있는 모든 자료를 찾아 적는다. 이 때 다른 책의 일부를 그대로 옮겨 적는 것보다 자신이 공부한 내용을 기록하는 것이 바람직하다.

(2) 반응 및 방정식

실험 과정에서 화학 반응이 수반되는 경우, 정확히 균형을 맞춘 화학반응식을 쓴다.

4. 실험기구 및 시약(apparatus and reagents)

(1) 실험기구 : 실험에 필요한 모든 기구의 종류와 개수를 정확히 기록한다.

(2) 시약 : 실험에 필요한 시약의 화학식 및 이름, 필요한 량을 정확히 기록한다.

5. 실험방법(experimental methods)

(1) 실험방법

실제 실험이 수행되는 시간적인 순서대로 번호를 붙여서 기록하고 실험의 각 단계를 알기 쉽게 자세히 정리한다. 이 때 실험 중 발생할 수 있는 사고 혹은 주의 사항 등을 정확히 기록해 주는 것은 매우 중요한 일이다.

(2) 실험조작(그림)

기본적인 기구조작을 제외하고 실험에서 특별한 장치를 사용하거나 독특한 배열의 장치설치를 요구할 때에는 이 장치에 대한 그림을 보고서에 그려 주는 일이 필요하다. 되도록 자세히 그려 실제 장치와 유사하게 그려 주어야 한다.

6. 결과(results)

실험 수행 시 측정한 실험값(data)과 관찰내용을 빠짐없이 즉시 보고서에 직접 기록하며, 실험값 처리 시 요구되는 계산은 순서에 따라 차근차근 빠짐없이 하여 측정값으로부터 어떻게 결과가 도출되었는지 알 수 있도록 한다. 이 때 반드시 단위를 표기한다. 실험결과는 보기 용이하도록 그래프 혹은 표로 정리하여 나타내주는 것이 바람직하다.

7. 고찰(discussions)

실험목적에서 기술한 내용을 실험을 통해 달성할 수 있었는가에 대해 논의하고 실험에서 관찰한 내용을 토대로 의문이 나는 점을 문헌을 찾아 조사하며, 실험 결과로부터 얻을 수 있는 결론을 도출한다.

8. 참고 문헌(references)

실험 보고서 작성 시 참고했던 모든 참고 문헌을 약기 방식으로 정확히 기입하고, 관련 쪽수를 적는다.

05 유리 세공과 초자기구 만들기

실험목적

화학 실험에서 쓰이는 간단한 장치들은 스스로 만들어서 사용한다. 이 실험에서는 유리관을 자르고 구부리고 가늘게 뽑아 원하는 모양으로 만드는 법을 실습한다.

원리

유리는 완전한 결정형 고체가 아니며 녹는점이 명확하지 않다. 따라서 유리를 가열하면 점점 물렁물렁해지면서 다루기 쉽게 된다. 바로 이 점 때문에 원하는 모양으로 성형하거나 구부릴 수 있어 우리가 필요로 하는 유리기구를 만들 수 있다.

현재 사용되는 유리는 소다(Na_2CO_3), 석회석($CaCO_3$) 그리고 실리카(SiO_2)의 혼합물을 가열하여 만든다. 그렇기 때문에 300~400℃사이에서 쉽게 물렁물렁해지며 이러한 유리관은 쉽게 구부러진다. 그러나 이 유리는 열팽창계수가 크기 때문에 가열과 냉각을 서서히 해야 깨지는 것을 막을 수 있다.

보로 실리카 유리(파이렉스나 커막스 유리)는 실리카(SiO_2), 산화붕소(B_2O_3)의 혼합물로 700~800℃ 아래에서 부드러워지지 않기 때문에, 산소-천연가스 불꽃과 같은 높은 불꽃을 내는 장치를 써야 한다. 이 유리는 열팽창계수가 낮기 때문에 급격한 온도 변화에도 잘 견딘다.

용융 실리카 유리는 순수한 실리카(SiO_2)이며, 산소-수소 혼합기체의 뜨거운 불꽃(약 1200℃)이 필요하다.

이 실험에서는 소다 유리로 만든 유리관을 사용한다.

실험기구 및 시약

실험기구 : 유리관, 고무마개, 가스 버너, 쇠그물 또는 석면판, 세로줄(file), 핀셋, 10 mL 메스 실린더

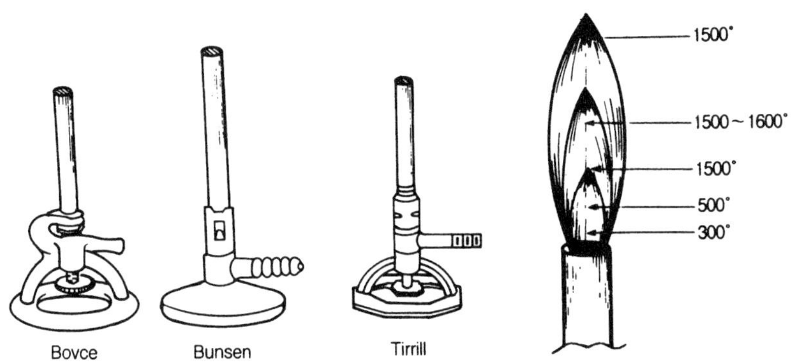

그림 5-1 가스 버너의 종류 및 불꽃의 온도 분포

실험방법

1. 가스 버너(gas burner)

가스 버너에는 그림 5-1과 같은 종류가 있다. 버너는 보통 연료와 공기를 혼합조절할 수 있는 조절기가 필요하다. 버너를 고무관과 같은 것으로 가스 출구와 연결하고 버너 내의 가스 밸브를 열고 점화시킨 다음 적절히 공기와 가스의 양을 조절하여 사용한다. 이 때 노란색 빛이 나타나면 공기가 부족한 현상이므로 공기를 더 공급해 주어야 한다. 버너 불꽃이 적절히 조절되었을 때에는 그림 5-1의 불꽃처럼 3가지 지역으로 나타나게 된다. 이러한 상태에서 유리를 가공한다.

2. 유리관 자르는 법

(1) 줄(file)로 자르고자 하는 부분을 한 번 세게 민다.

(2) 그림 5-2와 같이 홈의 반대쪽으로 엄지손가락이 가도록 하여, 엄지손가락으로 밀면서 동시에 다른 손가락으로 잡아당겨 꺾는다.

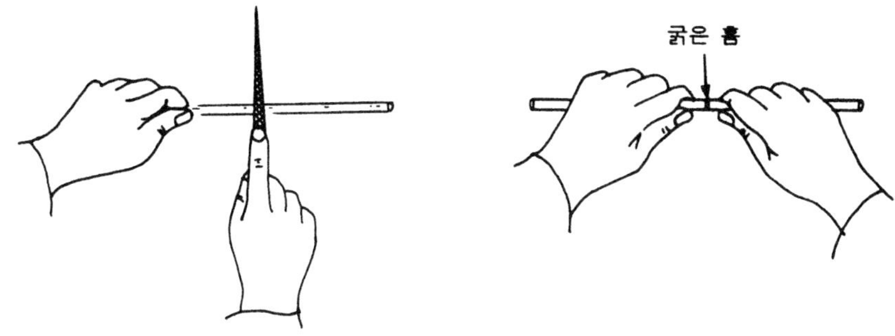

그림 5-2 유리관 자르는 법

3. 불에 달구어 무디게 하는 방법

유리관이나 유리막대는 끝이 날카로워서 손이나 고무관을 상하게 하므로 이러한 일이 일어나지 않도록 끝을 불에 달구어 무디게 하여야 한다. 그 방법은 유리관이나 유리봉을 불에 넣어 돌리면서 균일하게 가열하면 된다.

4. 유리관 구부리는 법

(1) 가스 버너를 공기의 양을 조절하여 불꽃이 청색으로 되도록 한다.

(2) 15~20 cm로 자른 유리관을 수평으로 쥐고, 엷은 청색 불꽃 바로 위에서 돌리면서 구부리려는 부분의 좌우까지 균일하게 가열되도록 한다.

(3) 유리관이 물러지면 불꽃에서 꺼내어서 살그머니 90° 혹은 45°로 각각 구부린다(알콜 램프나 약한 가스 불꽃을 사용할 때에는 유리관을 불꽃 속에서 꺼내지 말고, 가열하면서 구부리면 좋다).

그림 5-3(A)의 오른쪽 그림과 같이 구부러진 것은 너무 좁은 범위만을 가열하였기 때문이다. 또한 왼쪽의 그림과 같이 불균일하게 구부러진 것은 가열이 불충분하거나 고르지 않은 불꽃 때문이다. 그러므로 처음에는 5-3(B)과 같이 구부리는 부분의 (a)를 가열하여 약간 구부리고, 다음에 (b)부분을 가열하여 약간 구부리고, 마지막으로 (c) 부분을 가열하여 약간 구부리면 전체로서 90°가 된다.

유리세공에 숙련되면 유리관의 한 쪽 끝을 종이 조각 등으로 막고 구부리려는 부분을 약간 폭 넓게 가열하여 한 쪽을 입으로 불면서 급히 구부리면 된다.

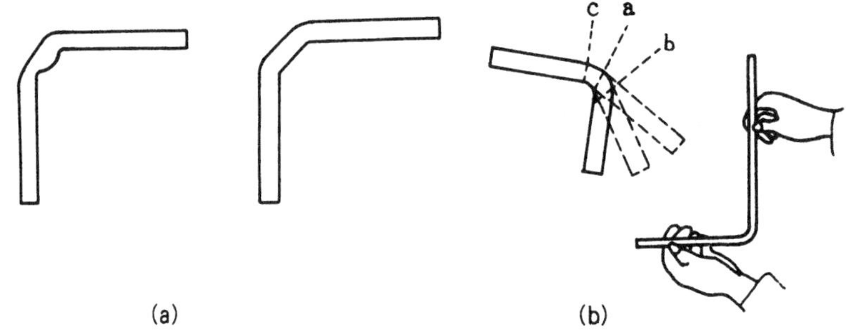

그림 5-3 유리관 구부리기

5. 뾰족한 피펫(1 mL에 100방울 이상이 되는 micropipette) 만들기

(1) 불꽃에 유리관을 넣어서 균일하게 돌린다.
(2) 충분히 물러지면 꺼내어 필요한 직경이 될 때까지 두 손으로 잡아 뽑는다(그림 5-4).
(3) 완전히 식혀 적당한 길이로 잘라 피펫의 입구 부분을 만든다.
(4) 가볍게 불에 대거나 줄로 다듬어 무디게 한다.
(5) 반대쪽은 고무꼭지를 끼울 귀를 만들기 위해 중간 불꽃에 가열하여 무르게 한다.
(6) 가열된 쪽에 핀셋을 끼워 돌려서 끝부분을 좀 벌린 후 석면판에 눌러서 고무꼭지가 걸릴 수 있도록 한다(그림 5-4).
(7) 메스 실린더로 1 mL를 재어 따른 후 만들어진 피펫으로 100방울 이상 되는지를 확인한다.

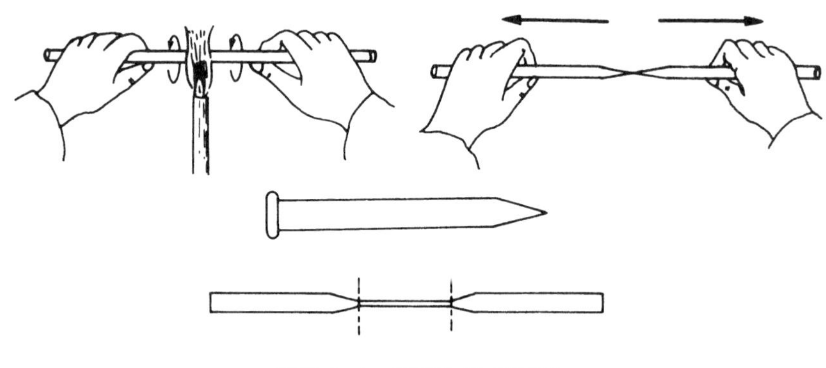
그림 5-4 뾰족한 끝 만들기

주의사항

(1) 유리관의 자른 면에 손을 베이지 않도록 한다.

(2) 뜨거운 유리와 찬 유리는 똑같아 보이므로 반드시 확인한다.

(3) 가열한 유리관은 반드시 실험대 위에 바로 놓지 말고 석면판(asbestos) 위에 놓아야 한다.

06 기본 측정 실습

실험목적

일반화학 실험에서 가장 기본이 측정 기구들의 명칭과 용도를 익힌 후, **질량 측정과 부피 측정에 사용되는 장치들의 사용법을 실습**하고, 이를 바탕으로 밀도를 결정한다. 또한 질량과 부피를 표현하는 **단위들 사이의 변환을 연습**하며, 다른 물리량들의 단위와 표현법 및 변환 방법들에 대한 기본적인 연습을 수행한다.

일반화학 실험들에서 공통으로 수행하는 기본 물리량들(질량, 부피, 온도, 등)을 측정하는 방법을 실습하고, 필요한 경우에 측정기의 눈금을 보정하는 실습을 수행한다.

원리

일반화학 실험에서는 눈으로만 화학변화를 확인하는 것이 아니라, 직접 질량을 재거나 부피를 측정하는 과정 등을 통하여 화학변화에 관련된 여러 양의 변화 값을 관찰한다. 즉 **측정**이라 함은 **정성적인 성질의 변화를 정량적인 값으로 나타내는 작업**에 해당한다.

일반화학 실험에서 행하는 여러 가지 측정들 중 가장 기본이 되는 것은 질량과 부피의 측정이다. 이 책의 뒤 부분인 '6부 부록, 2. 단위 환산표와 기본 물리상수들'에 설명된 국제표준단위체계(SI)에서 질량(mass)의 기본 단위는 kg이지만, 일반화학실험에서는 kg의 1/1000인 g 단위를 더 자주 사용하며, 1 g의 1/1000인 mg 단위도 자주 사용한다. kg, g, mg 단위 사이의 관계를 10의 거듭제곱 형태로 나타내면 다음과 같다.

$$1\ \text{kg} = 10^{3}\ \text{g} = 10^{6}\ \text{mg}$$
$$1\ \text{g} = 10^{-3}\ \text{kg} = 10^{3}\ \text{mg}$$
$$1\ \text{mg} = 10^{-3}\ \text{g} = 10^{-6}\ \text{kg}$$

일반화학실험에서 흔히 쓰이는 또 다른 측정단위인 부피(volume)는 주어진 일정량의 물질이 차지하는 공간을 말한다. 국제표준단위체계(SI)에서 부피(volume)의 기본 단위는 m^3이지만, 일반화학실험에서는 m^3의 1/1000인 ℓ(리터, liter) 단위와 ℓ의 1/1000인 ml를 더 자주 사용한다. 이 두 가지 단위는 L와 mL로 표시되기도 한다. 한편 mℓ는 cm^3와 같은 크기이며, cm^3를 cc(cubic centimeter)로 표시하기 한다. 이 단위들 사이의 관계를 10의 거듭제곱 형태로 정리하면 다음과 같다.

$$1\ m^3 = 10^3\ L = 10^6\ mL$$

$$1\ L = 10^{-3}\ m^3 = 10^3\ mL$$

$$1\ mL = 1\ cc = 1\ cm^3 = 10^{-3}\ L = 10^{-6}\ m^3$$

한편, 참고 사항으로, 영국과 미국에서 질량의 단위로 사용되는 파운드(lb)와 온스(oz), 그리고 길이의 단위로 사용되는 인치(in), 야드(yd), 마일(mile) 단위들을 g과 m로 표시하면 다음과 같다.

1 ld = 453.592 g, 1 oz = 28.3495 g,

1 g = 0.0022 ld = 0.03527 oz

1 in = 2.54 cm, 1 yd = 91.438 cm, 1 mile = 1609.3 m

1 cm = 0.3937 in = 0.0109 yd

단위를 사용할 때에는 두 가지 주의사항을 지켜야 한다. 첫째, **숫자와 단위 사이에는 반드시 빈칸**을 넣어야 하며, 둘째, **단위는 소문자로 표기함이 원칙**이다. (그러나 전류단위 A와 절대온도 단위 K 등은 예외로 한다.)

기본 실험 기구의 명칭과 주요용도

우리는 짧게는 한 학기, 길게는 두 학기 동안 일반화학 실험을 하게 된다. 실험에 앞서 기본적으로 사용하게 될 실험기구들이 어떻게 생겼는지 그 생김새와 사용법을 간략하게나마 익힌다면 실험은 훨씬 수월할 것이다. 다음의 표를 참고하여 몇 가지 실험기구의 이름과 특징을 알아보자.

표 6-1 주요 실험기구의 명칭과 주요용도

실험기구	명칭	주요 용도
	비커 (Beaker)	액체를 담아 가열, 교반 등을 할 때 사용
	삼각플라스크 (Erlenmeyer flask)	입구 부분이 좁아 용액이 튈 염려가 없음
	메스실린더 (Graduated cylinder)	액체나 고체의 부피를 측정할 때 사용
	뷰렛 (Buret)	적정에 사용하며 아래쪽에 양을 조절할 수 있는 콕이 있다
	눈금피펫 & 필러 (Measuring pipette & Filler)	일정량의 액체를 가하거나 덜어낼 때 사용
	스포이드 (Medicine dropper)	소량의 액체를 가하거나 덜어낼 때 사용
	시험관 (Test tube)	실험조건을 달리해 여러 실험을 할 때 사용
	메스플라스크 (Volumetric flask)	일정부피의 액체를 측정할 수 있는 실험기구, 눈금이 하나뿐인 것이 특징
	약수저 (Spatula)	고체시약을 덜어낼 때 사용
	전자저울 (Electronic balance)	고체나 액체의 질량을 잴 때 사용
	감압플라스크 (Filter flask)	액체와 고체가 섞인 혼합물을 따로 분리하고자 할 때 사용
	뷰흐너 깔때기 (Bűchner funnel)	감압플라스크와 함께 감압여과 할 때 사용

실험기구 및 재료

메스실린더, 피펫, 전자저울, 유산지, 비이커, 눈금피펫, 스포이드, 씻기병(세척병), 몇 가지 고체 조각들(쌀, 조, 콩, 등), 미지 액체시료

실험방법

1. 질량 측정: 고체의 질량

(1) 전자저울 위에 유산지를 올려놓는다.
(2) 전자저울의 영점 버튼(⏎)을 눌러 LED 화면표시가 0 g이 되도록 한다.
(3) 질량을 재려는 고체(쌀, 조, 콩 에서 한 가지) 1개를 유산지 위에 올려놓는다.
(4) LED화면에 표시된 질량을 읽고 그 값을 mg으로 변환하여 표에 기록한다.
(5) 시료의 개수를 2개, 4개로 증가시켜 질량을 측정한 후, 평균값을 계산한다.

시료의 개수	1	2	4	평균
시료의 질량				

2. 순수한 액체의 질량과 부피 측정

(1) 완전히 건조된 메스실린더를 준비한 후, 메스실린더의 무게를 측정한다.
(2) 메스실린더를 테이블에 올려놓고, 미지 액체 시료 5 mL 정도를 눈금 피펫이나 스포이드를 사용하여 메스실린더에 넣는다. (벽면에 묻지 않도록 주의)
(3) 테이블 위에 올려놓고 액체와 눈높이를 같게 한 후 눈금을 읽는다.
(4) 측정한 부피를 ℓ로 변환하고, 메스실린더의 무게를 측정하여 기록한다.
(5) 액체의 질량을 부피로 나누어 밀도를 계산한다.
(6) 사용한 액체는 싱크대에 버리지 말고, 비이커에 모은다.
(7) 두 번째 깨끗한 메스신린더를 사용하여 이번에는 미지시료를 메스실린더에 10 mL 정도 채워 동일한 실험을 반복한다.

(8) 세 번째 깨끗한 메스신린더를 사용하여 이번에는 미지시료를 메스실린더에 15 mL 정도 채워 동일한 실험을 반복한다.

(9) 미지 액체의 밀도 평균값을 구한다.

	건조한 메스실린더 무게	액체를 채운 메스실린더 무게	액체의 무게	액체의 부피	액체의 밀도
실험-1					
실험-2					
실험-3					
액체 밀도의 평균값					

3. 세척과 건조

(1) 비이커에 모아진 액체 시료는 지정된 폐수통에 모은다.

(2) 씻기병(세척병)에 증류수를 담아서, 실험에 사용한 비이커, 눈금피펫, 스포이드, 메스실린더 등을 세척한다.

(3) 세척된 비이커, 눈금피펫, 스포이드, 메스실린더 등을 건조기에 넣고, 실험에 사용한 다른 기구들을 지정된 위치에 반납하고, 실험대를 정리한다.

06 기본 측정 실습과 단위환산 결과보고서

학 과 : 학 번 : 이 름 :

실험조 : 실험일 :

(1) 300 mℓ는 몇 ℓ인가? (   )

① 0.03 ℓ ② 0.3 ℓ ③ 0.003 ℓ ④ 3 ℓ ⑤ 30 ℓ

(2) 다음 그림을 보고 메스실린더에 들어 있는 용액의 부피를 읽으시오.

(   ) mℓ

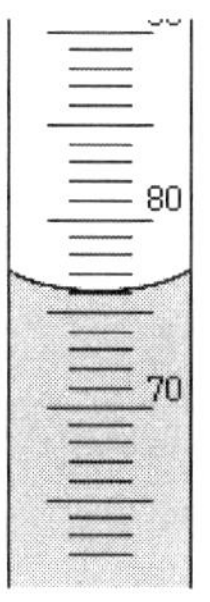

(3) 6.0 g을 mg단위로 변환한 것으로 옳은 것은? (   )

① 0.6 mg ② 6 mg ③ 60 mg ④ 600 mg ⑤ 6000 mg

(4)~(7) 다음 측정값의 단위를 변환하시오.

(4) 0.075 ℓ → (   ) mℓ

(5) 30 mg → (   ) g

(6) 674 mℓ → (   ) ℓ

(7) 9 g → (   ) mg

(8) 다음 그림에서 메스실린더의 눈금을 보는 위치로 맞는 곳에 O표 하시오.

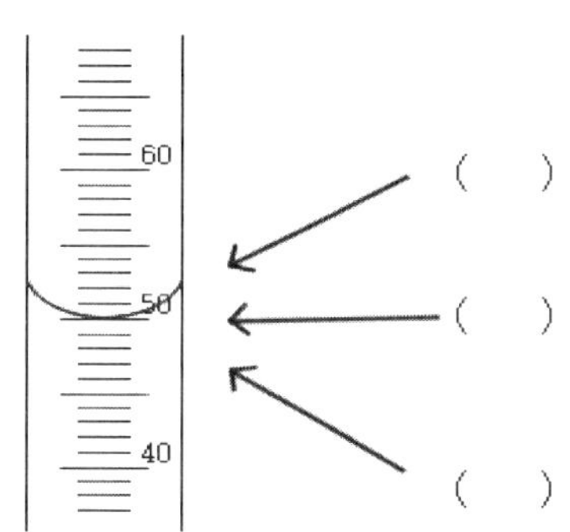

(9) 10 mℓ의 눈금피펫에 오른쪽 그림과 같이 취한 용액의 부피를 읽으시오.

(　　　　　) mℓ

(10) 다음 측정값을 10의 거듭제곱으로 나타낸 것 중 틀린 것은? (　　　　　)

① 3.0 mℓ → 3.0×10^{-3} ℓ　　② 5.0 g → 5.0×10^{3} mg

③ 28 mℓ → 2.8×10^{-3} ℓ　　④ 0.7 g → 7.0×10^{2} mg

⑤ 62 mg → 6.2×10^{-2} g

(11) 전자저울의 영점을 맞추기 위해 누르는 버튼은 무엇인가? (　　　　　)

① ↵　　② ☞　　③ ∞　　④ ▶　　⑤ ✂

(12) 35 mℓ를 ℓ로 변환하고 이를 10의 거듭제곱 형태로 나타내시오.

(13) 눈금피펫의 사용법을 간단히 적어보시오.

(14) 그림은 오늘 실험실에서 사용한 전자저울로 질량을 측정한 값이다. 측정값 뒤에 표시 될 단위로 적절한 것을 고르시오. (　　　　　)

① ℓ　　② mℓ　　③ mg

④ g　　⑤ kg

(15) 다음 표에서 영어로 이름에 해당하는 것의 한글 이름을 적고, 해당하는 측정 기구의 모양을 특징이 잘 나타나도록 간단하게 그리시오.

	Graduated Cylinder	Buret
한글 이름		
기구 모양		

	Volumetric Flask	Measuring pipette & Filler
한글 이름		
기구 모양		

07 정밀도, 정확도, 유효숫자 - 밀도 측정

실험목적

정밀도와 정확도의 개념 및 두 개념 사이의 차이를 이해한 후, 이러한 의미를 표현하는 유효숫자의 개념과 사용법을 익힌다. 그리고 밀도 측정이라는 간단한 실험을 통하여 이들 개념을 적용하여 실험의 정량적 결과를 표현하고 정리하는 방식의 기본을 실습한다.

원리

1. 정확도와 정밀도

정밀도(precision)는 실험결과의 재현성(reproducibility)을 나타내며, 재현성이란 여러번 같은 실험을 했을 경우 측정값이 참값인지 아닌지에는 관계없이 각 측정값들이 서로 얼마나 인접해 있는가를 나타낸다. 그러므로 재현성이 좋다는 것은 각 실험값들 사이의 차이가 매우 적어서, 여러 번 실험했을 경우 값들 사이의 오차가 거의 없다는 뜻이다. 하지만 실험결과는 매우 재현성이 있더라도 그 값이 잘못된 결과일 수도 있다.

예를 들어 만약 적정용액을 조제하는 과정에서 오차가 생기면, 그 용액은 원하는 농도가 되지 못한다. 그래서 매우 재현성 있는 적정을 반복 실시하더라도 용액의 농도가 시도하는 바와 다르기 때문에 부정확한 결과를 얻을 수밖에 없다. 이와 같은 경우, 결과의 정밀도는 높지만 정확도는 나쁘다고 할 수 있다.

반면 **정확도**(accuracy)는 측정값이 “참”값(true value)에 얼마나 접근하였는가를 표시한다. 참값 주위에 널리 퍼져 있어서 재현성은 매우 안 좋지만 우연히도 오차가 서로 상쇄되어 평균값은 참값에 가까운 일련의 측정을 할 수도 있다. 이 경우 정밀도는 낮지만 정확도는 높다고 한다. 하지만 이상적인 조작은 정밀도와 정확도가 모두 높아야 한다.

정확도는 "참"값에의 접근 정도로 정의된다. 누군가 "참"값을 측정하였기 때문에 "참"이라는 말이 인용되며, 매 번 측정에 따르는 오차가 존재한다. "참"값은 잘 검정된 방법을 이용하여 숙련된 실험자에 의해서 얻어진다. 여러 가지 다른 방법으로 실험결과를 검정하는 것이 바람직한데, 비록 각 방법이 정밀하더라도 각 방법 사이의 계통오차(systematic error)가 존재하기 때문이다. 몇 가지 방법이 잘 일치될 경우에 우리는 확신을 얻을 수가 있지만 반드시 그 실험결과가 옳다는 것을 증명하지는 못한다.

측정치의 정밀도는 표준편차에 의해 보통 표현된다. 예로, 길이에 대한 일련의 축정치가 2.965 cm이고, 표준편차가 0.006 cm인 경우를 생각해 보자. 불확실성은 소수점 셋째자리에서 나타나기 때문에 그 값은 소수점 세 자리인 2.965 cm로 보고되어져야 한다. 표준편차 0.006 cm는 임의 측정 결과의 68%가 표준편차, 즉 ±0.006 cm 이내에 있음을 의미한다.

다음 그림은 정밀도와 정확도의 관계를 나타낸다.

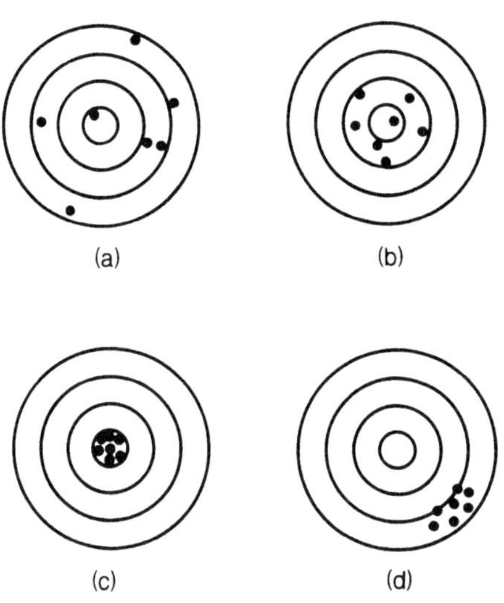

(a) 정밀하거나 정확하지도 않다
(b) 정확하지만 정밀하지는 않다.
(c) 정확하고 정밀하다
(d) 정밀하지만 정확하지는 않다

그림 7-1

2. 유효숫자

유효숫자(significant figure)의 수는 일정한 값을 정확도를 잃지 않고 과학적으로 표기하는 데 필요한 자릿수(digit)의 최소수이다.

측정된 값의 유효숫자의 개수를 결정하는 규칙은 다음과 같다.

(1) 0이 아닌 모든 숫자는 유효숫자이다.

457(3개의 유효숫자), 0.25(2개의 유효숫자)

(2) 0이 아닌 숫자의 사이에 있는 0은 유효숫자이다.

1005(4개의 유효숫자), 1.07(3개의 유효숫자)

(3) 첫 번째 0이 아닌 숫자보다 왼쪽에 있는 0은 유효숫자가 아니다.

그것은 단순히 소숫점의 위치를 나타낸다.
0.03(1개의 유효숫자), 0.0045(2개의 유효숫자)

(4) 소숫점보다 오른쪽에 있는 0으로 끝난 수의 경우 0은 유효숫자이다.

6.00(3개의 유효숫자), 0.0150(3개의 유효숫자)

(5) 소숫점보다 왼쪽에 있는 0으로 끝난 수의 0은 반드시 유효숫자는 아니다.

140(2 또는 3개의 유효숫자), 10,300(3, 4 또는 5개의 유효숫자)
모호함을 제거하는 방법은 다음과 같다.

1.03×10^4(3개의 유효숫자)

1.030×10^4(4개의 유효숫자)

1.0300×10^4(5개의 유효숫자)

(6) 두 숫자를 더하거나 뺄 경우에 얻어진 결과의 유효숫자는 두 숫자 중에서 불확실한 숫자의 위치가 소숫점에서 가장 왼쪽에 있는 숫자를 기준으로 한다.

$$\begin{array}{r} 18.998403 \\ +\ 83.80 \\ \hline 102.798403 \end{array}$$

최종 답은 102.80으로 반올림한다.

(7) 두 숫자를 곱하거나 나눌 때에는 유효숫자의 개수가 가장 작은수의 개수만큼만 취한다.

$$\begin{array}{ll} 4.3179 & \times 10^{12} \\ \times\ 3.6 & \times 10^{-19} \\ \hline 1.6 & \times 10^{-6} \end{array}$$

(8) log a = b라는 대수에 있어서 a의 유효숫자의 수와 b의 가수에 있는 유효숫자의 수는 같다.

$\log(\underline{5.403} \times 10^{-8}) = -7.\underline{2674}$(7은 지표, 2674는 가수)

한편, 숫자를 반올림할 때에는 다음의 규칙을 따른다(각 예는 두 자리 수로 반올림되어 있다).

(1) 제거되어야 할 숫자 중 가장 왼쪽의 숫자가 5보다 클 때에는 앞의 숫자는 1만큼 증가된다.

2.377은 2.4로 반올림

(2) 제거되어야 할 숫자 중 가장 왼쪽의 숫자가 5보다 작을 때에는 앞의 숫자는 변하지 않는다.

7.249는 7.2로 반올림

(3) 제거되어야 할 숫자 중 가장 왼쪽의 숫자가 5일 때에는, 앞의 숫자가 짝수이면 변하지 않고 앞의 숫자가 홀수이면 1 증가한다.

2.25는 2.2로, 6.55는 6.6으로 반올림

실험 밀도 측정

실험목적

물질의 밀도는 물질의 부피에 대한 질량의 관계를 측정하는 기본적 성질이다. 화합물의 질량 및 부피를 측정하여 주어진 온도와 압력에서 액체와 고체의 밀도를 측정한다.

원리

물질의 기본적 성질인 밀도를 측정하려면 주어진 물질의 질량 m과 부피 V를 측정해야 한다. 이들 양의 비, 즉 단위 부피당 질량을 밀도라 하고 d=m/V라고 쓴다. 미터 단위계로 이 비는 입방 센티미터당 그램수(g/cm^3)로 표시하거나 밀리리터당 그램수(g/mL)로 나타낸다. 기체는 액체나 고체보다 밀도가 대단히 작기 때문에 리터당 그램수(g/L)로 나타낸다. 물질의 질량은 온도나 압력에 관계없이 일정하나, 부피는 온도나 압력에 따라 변하므로 기체의 밀도는 온도 변화에 대단히 민감하다. 따라서 밀도는 주어진 시료에 대하여 일정한 온도와 압력 하에서 측정하여야 한다.

표 7-1

금 속	밀도(g/cm^3)
알루미늄	2.7
납	11.4
마그네슘	1.8
Monel 합금(Ni, Cu, Fe)	8.9
강철(Fe, Mo, C)	7.8
주석	7.3
Wood 금속(Bi, Pb, Cd, Sn)	9.7
아연	7.1
구리	8.89

일반적으로 질량을 정확하게 측정하는 것이 부피를 정확하게 측정하는 것보다 용이하므로 정확한 부피를 측정하기 위해서는 메스 실린더가 정확한 것인가를 확인해야 하며, 메스 실린더의 액체의 높이를 읽을 때에는 시차를 없애기 위해서 메니스커스(반달형의 액체의 표면)와 눈이 동일 평면상에 위치하도록 한다(그림 7-2).

화학 실험의 여러 중요한 과정에서 밀도 측정은 필수적이다. 이를테면 결정의 단위 세포로부터 아보가드로 수의 계산, 기체 밀도 측정으로부터 물질의 분자량 결정 및 용질의 농도 등을 측정할 때 필요한 중요한 물리 양이다.

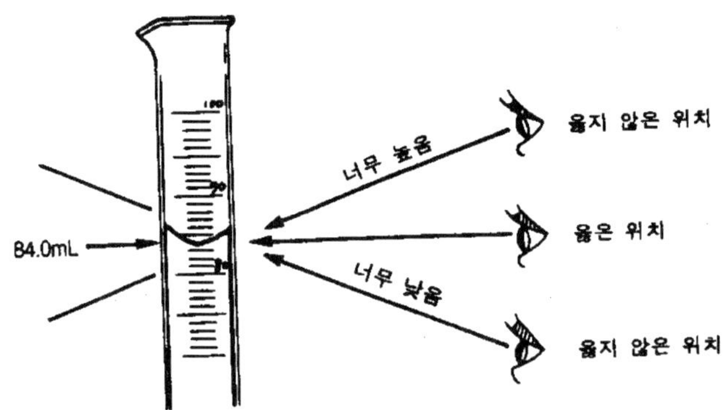

그림 7-2 메스실린더의 메니스커스를 읽는 법

실험기구 및 시약

실험기구 : 화학저울, 메스실린더(20~25mL), 비커(50mL), 자, 가위

시　　약 : 에탄올 수용액, 금속 조각(클립), 알루미늄 호일

실험방법

1. 물의 밀도

(1) 깨끗하게 말린 메스 실린더의 무게를 정확하게 측정한다.
(2) 4~5mL의 물을 메스 실린더에 넣는다.
(3) 물의 부피를 정확히 읽는다.

(4) 물이 든 실린더의 무게를 다시 측정한다.
(5) 물의 밀도를 계산한다.
(6) 반복하여 평균값을 구한다.

2. 에탄올 용액의 밀도

(1) 실험 1에서 물 대신 에탄올 용액을 사용하여 같은 방법으로 실험을 수행한다.

3. 고체의 밀도

(1) 금속 조각(클립) 4개의 무게를 정확하게 측정한다.
(2) 약 5mL의 물을 메스 실린더에 넣고 정확하게 읽는다.
(3) 실린더를 약간 기울여 금속조각을 미끄러지게 넣는다.
(4) 다시 부피를 정확하게 읽는다.
(5) 금속의 밀도를 계산한다.
(6) 반복하여 평균값을 구한다.

4. 알루미늄 호일의 밀도와 두께 측정

(1) 알루미늄 호일을 가로, 세로 10cm가 되도록 정확히 자른다.
(2) 꼭꼭 뭉쳐서 무게와 부피를 3에서와 같은 방법으로 측정한다.
(3) Al의 밀도를 구한다.
(4) 알루미늄 호일의 부피를 단면적으로 나누어 두께를 계산한다.

주의사항

(1) 비커와 메스 실린더를 깨끗이 씻어 안 벽에 물방울이 묻어있지 않도록 한다. 물방울이 묻어 있다는 것은 유리벽에 불순물이 묻어있다는 증거이다.
(2) 고체 시료를 메스 실린더에 넣을 때 물이 튀지 않도록 한다.
(3) 고체 시료를 메스 실린더에 넣은 후 시료에 공기 방울이 묻어 있지 않도록 실린더를 가볍게 친다.

07 액체와 고체의 밀도 측정 결과보고서

학 과 : 학 번 : 이 름 :
실험조 : 실험일 :

1. 측정결과

(1) 물의 밀도

메스 실린더의 무게		________ g
물의 부피	________ mL	________ mL
물과 메스 실린더의 무게	________ g	________ g

(2) 에탄올의 밀도

메스 실린더의 무게		________ g
에탄올의 부피	________ mL	________ mL
에탄올과 메스 실린더의 무게	________ g	________ g

(3) 고체의 밀도

고체(클립)의 무게		________ g
물의 부피	________ mL	________ mL
물과 고체의 부피	________ mL	________ mL

(4) 알루미늄 호일의 밀도와 두께 측정

알루미늄 호일의 무게		________ g
알루미늄 호일의 부피		________ mL

2. 실험결과

(1) 물의 밀도

물의 무게	______	g	______	g
물의 부피	______	mL	______	mL
물의 밀도 계산	______	g/mL	______	g/mL
		평균	______	g/mL

(2) 에탄올의 밀도

에탄올의 무게	______	g	______	g
에탄올의 부피	______	mL	______	mL
에탄올의 밀도 계산	______	g/mL	______	g/mL
		평균	______	g/mL

(3) 고체의 밀도

고체의 무게			______	g
고체의 부피	______	mL	______	mL
고체의 밀도 계산	______	g/mL	______	g/mL
		평균	______	g/mL

(4) 알루미늄 호일의 밀도와 두께 측정

알루미늄의 무게	______	g
알루미늄의 부피	______	mL
알루미늄의 밀도	______	g/mL
알루미늄의 단면적	______	cm^2
알루미늄의 두께	______	cm

3. 논의

(1) 알루미늄의 밀도(2.7 g/mL)와 질량으로부터 알루미늄 호일의 두께를 계산하여 위에서 계산한 실험치와의 오차 %를 구하시오.

08 화합물의 물리적 성질과 확인

실험목적

화합물의 물리적 성질은 물질의 고유한 성질로서 물질의 순도를 결정하거나 화합물의 종류를 확인하는 데 유용하다. 여기서는 화합물의 물리적 성질인 화합물의 용해도, 녹는점, 끓는점을 측정하여 화합물의 종류를 확인해 본다.

원리

화합물의 색, 냄새, 용해도, 녹는점, 끓는점, 결정 모양, 굳기, 그리고 상온에서의 상태(기체, 액체 또는 고체) 등의 물리적 성질들은 화합물의 고유한 성질로서 화합물의 종류를 확인하거나 물질의 순도를 결정하는데 매우 유용하다.

용해도는 화합물이 일정량의 용매에 녹을 수 있는 최대의 양으로, 보통 용매 100 mL에 녹는 용질의 g수로 나타낸다. 화합물은 용매의 종류에 따라 독특한 용해도를 나타내기 때문에 여러 가지 용매를 사용하면 화합물에 대한 보다 더 많은 정보를 얻을 수 있다. 화합물의 용해도는 극성에 좌우되는데 즉, 극성 용질은 극성 용매에 잘 녹고, 비극성 용질은 비극성 용매에 잘 녹는다.(Like dissolves likes) 예를 들면, 소금(NaCl)은 물에는 매우 잘 녹지만, 톨루엔과 같은 유기 용매에는 잘 녹지 않는다. 이 실험에서는 물, 에탄올, 톨루엔을 용매로 사용하여 화합물의 용해도를 알아본다.

화합물은 고유한 녹는점과 끓는점을 가지고 있다. 끓는점에서는 액체와 기체가 평형 상태에 있게 되고, 액체의 내부에서는 기포가 발생하여 끓는 현상을 관찰할 수 있다. 즉 액체의 증기압이 외부 압력과 같을 때의 온도를 액체의 끓는점이라 한다. 끓는점은 압력에 대단히 민감하고, 1기압에서의 끓는점을 정상끓는점(normal boiling point)이라고 한다. 녹는점은 온도 변화가 일어나지 않은 채 고체와 액체가 평형을 이루게 되는 온도로 순수한 물질의 녹는점은 그 물질의 특성이다. 반면 혼합물에는 일정한 녹는점이 없으며 녹는점은 혼합의 비율에 따라 다를 뿐만 아니라 녹는 온도 범위도 다르다. 즉 순수한 물질의 녹는 온도 범위는 0.5~1℃정도로 좁은데 비해 혼합물의 녹는 온도 범위는 상당히 넓다. 순수한 물질의 녹는점과 어는점은 같으며 분자들 사이의 인력이 클수록 녹는점과 끓는점은 높다.

표 8-1 여러 가지 화합물의 물리적 성질

화합물	밀도*	녹는점**	끓는점**	용해도		
				물	에탄올	벤젠
아세트아미드	1.16	82.3	221	s	s	i
아세트아닐리드	1.22	114	304	sls	s	s
아세톤	0.79	−95	56	s	s	s
벤젠	0.88	5.5	80	i	s	−
질산카드뮴	2.46	59	132	s	s	i
탄산칼슘	2.93	−	−	i	i	i
수산화칼슘	2.24	580	−	sls	i	i
질산칼슘	1.82	43	−	s	s	i
사염화탄소	1.60	−23.0	77	i	s	s
클로로포름	1.48	−63.5	62	i	s	s
염화코발트(Ⅱ)	1.92	86	110(6H_2O)	s	s	i
p-디클로로벤젠	1.25	53	174	i	s	s
디페닐	0.87	71	256	i	s	s
디페닐메탄	1.02	−0.2	255	i	s	s
에탄올	0.79	−122	79	s	−	s
브롬화에틸	1.46	−119	38	i	s	s
헥산	0.66	−94	69	i	s	s
이소프로필알코올	0.79	−90	82	s	s	s
메탄올	0.79	−94	65	s	s	s
살리실산	1.44	159	−	sls	s	s
스테아린산	0.94	72	−	i	sls	sls
요소	1.32	135	−	s	s	i
물	1.00	0.0	100	−	s	i
질산아연	2.07	36	105	s	s	i

*g/mL, ** ℃

실험기구 및 시약

실험기구 : 녹는점 측정용 모세관, 고무줄, 온도계(300℃), 시험관, 코르크 마개, 비커, 핫플레이트, 가스 버너, 스탠드, 링, 클램프, 석면판, 약수저

시　　약 : 증류수, 에탄올, 톨루엔, NaCl, biphenyl, 미지의 액체와 고체시료, 기름중탕용 파라핀 기름

실험방법

1. 용해도

(1) 물, 에탄올, 톨루엔을 각각 1 mL씩 시험관에 넣는다.

(2) 여기에 NaCl을 조금씩 넣어 흔들어 준다.

(3) 어떤 용매에 용해되는 지 관찰한다.

(4) 이 때 실험 결과를 s(soluble : 잘 녹음), sls(slightly soluble : 약간 녹음), i(insoluble : 녹지 않음)로 구별하여 기록한다.

(5) 같은 실험을 NaCl 대신 biphenyl을 사용하여 반복하고, 관찰한 것을 기록한다.

(6) 물과 에탄올, 물과 톨루엔, 톨루엔과 에탄올을 각각 0.5 ml씩 3개의 시험관에 넣어 흔들어 주고, 서로 섞이는지를 관찰하여 기록한다.

2. 끓는점

(1) 그림 8-1과 같은 장치를 준비한다.

(2) 시험관에 약 5 mL의 시료를 넣고, 온도계의 수은구가 액체의 표면에서 2~5 mm정도 떨어지도록 고정시킨다.

(3) 가열하면서 온도의 변화와 액체의 상태를 자세히 관찰한다.

(4) 온도가 일정하게 유지되는 끓는점을 측정한다.

(5) 시료를 식힌 후에 다시 한 번 반복한다.

(6) 끓는점을 이용하여 사용한 시료를 알아본다.

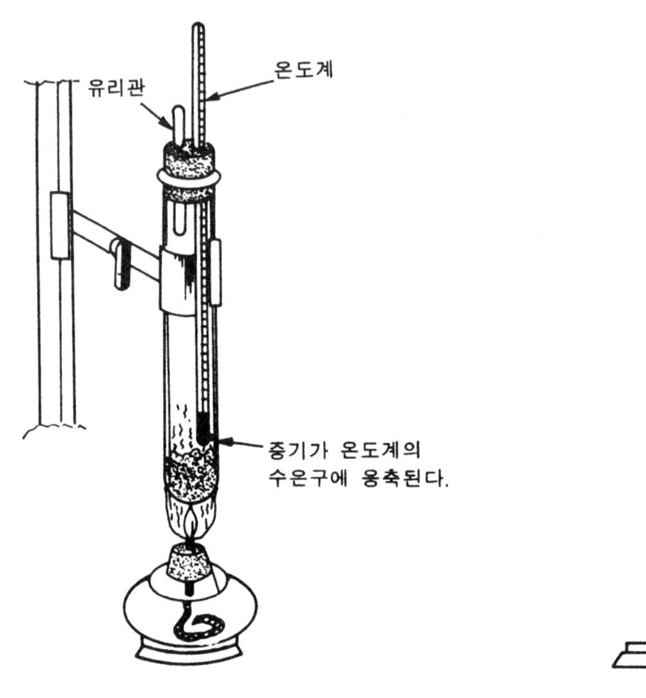

그림 8-1 끓는점 측정장치

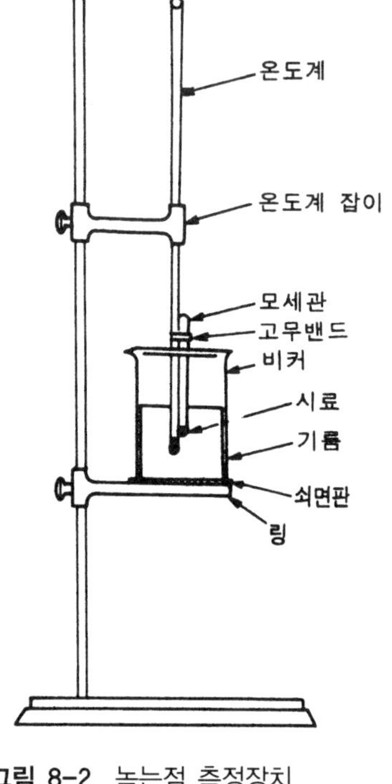

그림 8-2 녹는점 측정장치

3. 녹는점

(1) 그림 8-2와 같은 장치를 준비한다.

(2) 순수한 물질과 혼합물의 분말시료를 준비한다.

(3) 이 분말시료를 약 수저의 뒷면으로 눌러서 고운 가루로 만들어서 각각 녹는점 측정용 모세관에 약 5~7 mm정도 채워 넣는다.

(4) 모세관의 끝이 온도계의 수은구 옆에 오도록 하고 고무줄을 사용하여 온도계를 고정시킨다(그림 8-3).

(5) 서서히 가열하면서 시료가 녹기 시작하는 온도를 측정한다.

(6) 시료가 다 녹은 온도를 측정한다.

(7) 녹는점의 범위를 관찰하여 순수한 물질과 혼합물을 구별한다.

(8) 이 실험을 다시 반복한다.

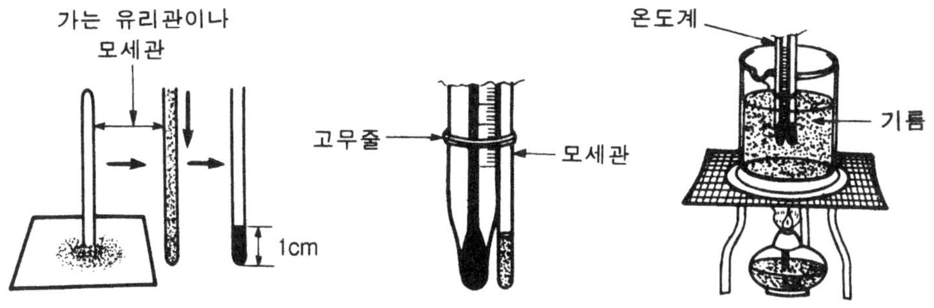

그림 8-3 녹는점 측정 방법

주의사항

(1) 기름 중탕을 사용할 때 실험장치가 넘어지지 않도록 주의한다.

(2) 끓는점이 100℃이하인 경우에는 기름 중탕 대신 물 중탕을 사용한다.

(3) 녹는점 측정시 모세관을 묶은 고무줄이 중탕액 속에 담기지 않도록 한다.

08 화합물의 물리적 성질과 확인

결과보고서

학 과 : 학 번 : 이 름 :
실험조 : 실험일 :

1. 측정결과

(1) 용해도

용매 / 용질	물	에탄올	톨루엔

물과 에탄올 ____________
물과 톨루엔 ____________
톨루엔과 에탄올 ____________

(2) 끓는점

____________ ℃ ____________ ℃ ____________ ℃

(3) 녹는점

순수한 물질 ____________ ℃ ~ ____________ ℃
혼합물질 ____________ ℃ ~ ____________ ℃

09 용매 추출 - 카페인의 분리

실험목적

자연에 존재하는 화합물 혹은 합성 시 얻어지는 화합물은 일반적으로 여러 가지 물질이 함께 섞여 있다. 화학실험에서 여러 물질이 섞여 있는 혼합화합물을 순수한 형태로 분리하고 정제하는 데 사용되는 추출법을 이용하여 일상생활에서 섭취되는 홍차 잎으로부터 카페인 성분을 분리하고자 한다.

원리

커피, 홍차, 콜라와 같은 음료의 자극적인 흥분 효과는 이들에 존재하는 카페인 때문이다. 카페인은 아래의 그림에서와 같이 질소를 포함한 분자식 $C_8H_{10}N_4O_2$를 갖는 헤테로고리 화합물이다. 카페인은 우리 몸의 DNA또는 RNA에서 발견되는 구아닌, 퓨린, 아데닌과 유사한 구조를 갖는다.

본 실험에서는 뜨거운 물을 이용하여 홍차 잎으로부터 카페인를 추출하고자 한다. 카페

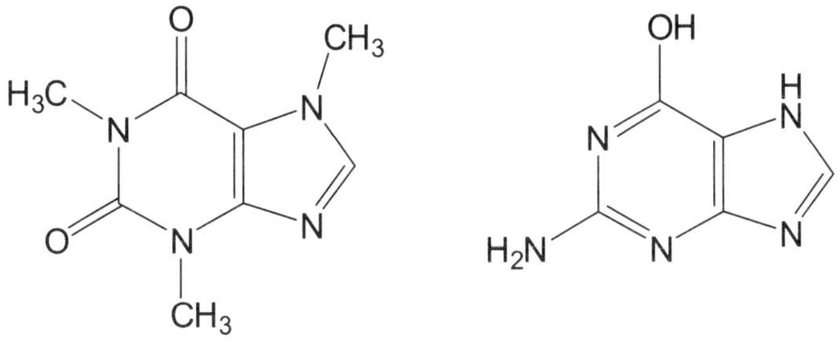

카페인

구아닌

인은 물에 80°에서는 18g/100ml의 용해도를 가지고 20°에서는 2.2g/100ml의 용해도를 갖는다. 그러나 이 과정에서 카페인 이외에 다른 물질도 함께 추출된다. 타닌과 같은 색을 가진 불순물들은 탄산칼슘을 첨가하여 타닌산과 반응시켜 불용성인 칼슘염을 생성시킴으로 제거될 수 있다. 이 때 생성된 염과 차 잎 등은 간단히 여과하여 제거된다. 물에 존재하는 카페인은 소량의 CH_2Cl_2를 사용하여 여러 번 추출하여 분리될 수 있다.

본 실험에 사용되는 추출법은 혼합되어 있는 화합물을 분리하는 여러 방법 중에 한 가지 방법이다. 추출(extraction)은 용매에 따라 혼합 물질의 다른 녹는 특성을 보이는 경우에 사용되는 분리방법이다. 한약재, 차, 음식물을 물에 넣고 끓이는 것도 이들에 존재하는 성분이 물에 잘 녹아 나오는 성질을 이용한 추출방법이다. 이처럼 고체 물질로부터 특정 성분을 용매를 이용하여 추출하는 방법도 있지만, 화학실험실에서는 수용액과 유기용매에 대해 다른 용해도를 갖는 물질이 혼합되어 있을 때 서로 섞이지 않는 유기용매와 수용액을 이용하여 이들을 분리하는 일이 수행된다.

아래 그림에서와 같이 유기용매에 A와 B 성분이 함께 존재하는 혼합물에서 A성분과 B 성분을 각각 분리하고자 할 때 추출을 이용하여 분리할 수 있다. 이 때 추출방법을 분리의 목적으로 사용하기 위해서는 앞서 언급하였듯이 A성분과 B성분의 수용액과 유기용매에 대해 다른 용해 성질을 가져야한다. 한 화합물은 물 층에 용해되어야 하고 다른 하나는 유기 층에 용해되어야한다. 여기에서 A 성분은 물 층에, B성분은 유기 층에 용해된다고 가정하면 그림에서와 같은 방법으로 이들을 분리할 수 있다. A와 B가 함께 존재하는 유기용매를 담은 분별깔대기에 수용액을 첨가한다. 윗 부분을 막고 분별깔대기를 양손으로 잡은 후 나비모양으로 3-4회 정도 용액을 잘 흔들어 준다. 이 때 A와 B 성분은 두 용매 층 사이에서 평형을 이루게 되고, 이 때 두 층에서의 두 성분의 농도비를 분배계수(distribution coefficient)라고 부른다. 이를 다시 고정대에 놓고 윗부분의 마개를 열고 두 층이 분리될 때 까지 기다린다. 잠시 후 수용액과 유기용매 분리선이 눈으로 확인되면 밀도가 높은 용액을 아래로 흘러내려 분리하고 밀도가 높은 용액은 윗부분을 통해 수집한다. 이렇게 얻어진 각 용액을 적당한 방법으로 용매를 제거하면 순수한 각각의 성분으로 분리할 수 있다. 그림 9-1에서는 물과 CH_2Cl_2를 사용하여 밀도가 높은 CH_2Cl_2가 아래층에, 상대적으로 밀도가 낮은 수용액 층이 윗 층에 나타나지만 대부분의 유기용매의 밀도가 물보다 낮은 경우가 많으므로 이 때 사용한 유기용매의 밀도가 각각의 경우에서 반드시 확인하고 실험을 수행해야한다.

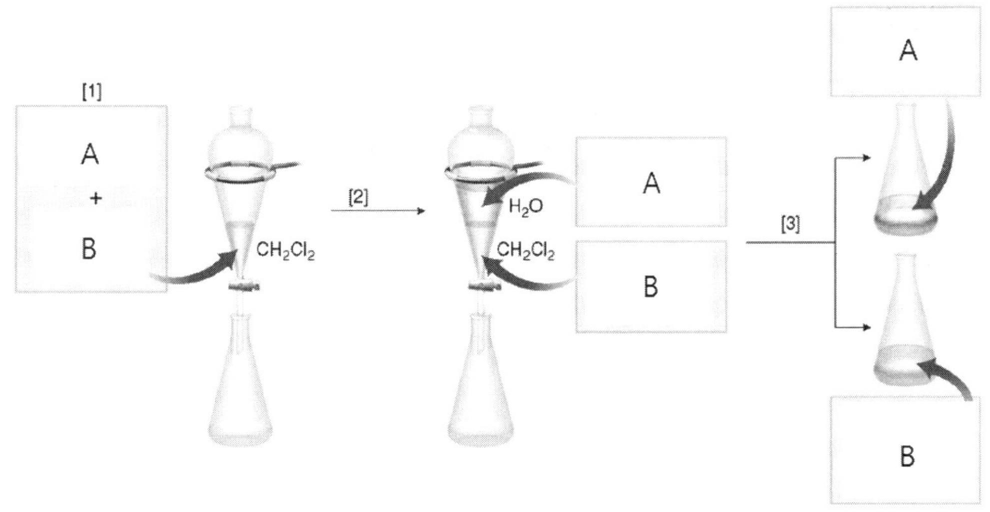

그림 9-1 일반적인 추출 과정

본 실험에서는 일상생활에서 음용하는 홍차 잎에 포함되어 있는 카페인(caffeine)을 뜨거운 물로 추출한 다음, 물과 섞이지 않는 CH_2Cl_2 용매를 사용하여 물에 녹아있는 카페인을 분리하고자 한다. 실험 중 에멀젼(emulsion)현상이 나타나기도 하는데, 이는 카페인이 존재하는 수용액과 유기용매를 함께 분별깔대기에 넣고 흔들어 줄때 너무 세게 흔들면 섞이지 않는 용매의 작은 방울이 보이는 현상으로 이는 분리 효과를 떨어뜨린다. 또한 수용액 층에 NaCl과 같은 염을 넣어주면 수용액에 있는 유기물이 유기용매 층으로 더 많이 옮겨가는 경우가 있는데, 이러한 현상을 염석효과(salting-out effect)라 한다.

실험기구 및 시약

실험기구 : 250ml 삼각 플라스크, 50ml 눈금 실린더, 300ml 눈금 실린더, 뷰흐너 깔대기, 유리막대, 핫 플레이트, 거름종이, 약수저, 온도계, 분별 깔대기, 스탠드, 200ml 비이커 2개, 감압 플라스크, 감압기, 저울

시　　약 : 홍차 잎 4g, 탄산칼슘 ($CaCO_3$) 2g, CH_2Cl_2 50ml, Na_2SO_4, 증류수

실험방법

(1) 250ml 삼각플라스크에 일상생활에서 음용되는 홍차 잎 4g을 넣는다. 여기에 50ml의 증류수와 2g의 가루형태의 탄산칼슘을 첨가한다.

(2) 앞의 혼합물을 약 20분 동안 천천히 저어주면서 가열한다.

(3) 뷰흐너 깔대기에 거름 종이를 올려놓고, 2의 뜨거운 용액을 감압기를 사용하여 거른다. 이 때 가름 종이위의 고체를 약수저 등을 이용하여 힘껏 눌러주어 가능한 최대한의 용액을 얻도록 한다.*

(4) 용액의 온도가 약 15-20°가 될 때까지 용액을 식힌 후, 용액을 분별깔대기에 넣는다.

(5) 15ml의 CH_2Cl_2를 분별깔대기에 첨가한 후 분별깔대기의 마개를 막은 후 약 5분 이상 가볍게 흔들어 준다. 깔대기를 너무 세게 흔들면 에멀젼이 만들어지므로 조심해서 흔들어 주어라.

(6) 분별깔대기를 스탠드에 세워두고 잠시 기다린 후 아래쪽의 CH_2Cl_2용액을 비커에 받는다.

(7) 위의 수용액 층에 다시 15ml의 CH_2Cl_2를 첨가한 후 앞의 (5), (6) 과정을 약 3회 반복한다.

(8) 이렇게 모아진 CH_2Cl_2층에 건조제인 Na_2SO_4를 2-3 숟가락 넣은 후 잘 흔들어 준다.

(9) 뷰흐너 깔대기를 이용하여 건조제를 걸러준 후 감압기를 이용하여 용매인 CH_2Cl_2를 증발시킨다.

(10) 얻어진 카페인의 무게를 측정한다.

주의사항

(1) *이 단계의 여과는 쉽게 수행되지 않는다. 끈적거리는 고체성분이 여과지의 구멍을 막아 용액이 잘 빠져 나가지 못하게 한다.

(2) CH_2Cl_2는 독성이 강한 유기용매이므로 손에 묻지 않도록 조심하고, 사용 후에 개수대에 버리는 일은 절대로 없어야한다.

(3) 분별깔대기 사용 시 흔들어주다 가끔씩 기체를 빼주어야 하는데 이 때 용액이 쏟아지

지 않도록 마개를 닫고 용액을 마개 부분으로 보낸 후 아래 부분의 코크를 열어 일시적으로 생성된 CH_2Cl_2 기체를 빼준다. 이 때 사람을 향해 기체가 나가지 않도록 유의해야한다.

09 용매 추출 - 카페인의 분리

결과보고서

학 과 : 학 번 : 이 름 :

실험조 : 실험일 :

1. 실험결과

(1) 분리한 카페인을 잘 말린 후, 질량을 측정하여 홍차 잎 4g에 존재하는 카페인의 양을 계산한다.

____________ g

(2) 홍차 잎에 포함 된 카페인의 %는?

____________ %

(3) 추출한 카페인의 색깔은 어떠한가?

____

2. 생각해 볼 문제

(1) $CaCO_3$를 사용하는 이유는 무엇이겠는가?

(2) 추출한 카페인에 불순물이 들어있다면 실험 결과에 어떤 영향이 있겠는가? 또한 추출한 카페인의 순도를 알아내려면 어떻게 해야 하겠는가?

(3) 추출에 사용할 수 있는 좋은 용매는 어떠한 성질을 가져야 하는가?

(4) 아래에 제시된 유기용매를 사용하여 수용액에 존재하는 유기성분을 추출하고자 할 때 각각의 유기용매는 물 층의 아래 부분에 존재하겠는가? 윗부분에 존재하겠는가?

유기용매; 클로로포름($CHCl_3$), 벤젠(benzene), n-heptane, CH_2Cl_2

__________, __________, __________, __________

10 용해도를 이용한 분별결정

실험목적

온도 차이에 따라 용해도가 서로 다른 화합물을 온도를 변화시킴에 따라 결정을 분리한다.

원리

화합물의 용해도(solubility)는 일정온도에서 용매 100g중에 녹을 수 있는 용질의 최대량을 g수로서 표시한 것이다.

일반적으로 고체의 용해도는 고온에서 크고 저온에서 작다. 고체에 함유되어 있는 불순물을 제거하려면 그 고체를 고온에서 용해하여 진한 용액을 만들어 그것을 다시 냉각하면 원래의 고체에 함유되어 있던 불순물은 용액 중에 녹은 채로 남기 때문에 순수한 결정을 얻을 수 있다. 이런 과정을 재결정(recrystallization)이라 한다.

한 가지 이상의 화합물(순물질)이 섞여 있는 것을 혼합물(mixture)이라 한다. 이러한 혼합물을 분리하는 방법은 혼합물의 상태와 성질에 따라 여러 가지가 있다. 그 중에서 고체 혼합물을 분리할 경우, 용해도를 이용하는 방법이 있다. 이 방법은 용매에 대한 고체 용질들(순물질들)의 용해도 차이에 의한 것으로 온도의 영향을 받는다. 이러한 방법에 의한 혼합물의 분리법을 분별결정법이라고 한다.

그림 10-1에서 보여지는 바와 같이, 염화소듐(NaCl) 및 염화포타슘(KCl)의 물에 대한 용해도는 온도에 따라 달라짐을 알 수 있다. 즉, 30g의 소금과 50g의 염화포타슘을 100℃에서 100mL의 물에 녹인 후, 온도를 서서히 내리면 75℃쯤에서부터 염화포타슘의 결정이 조금씩 석출되기 시작하고, 0℃로 용액의 온도를 유지시킬 경우 적어도 20g정도의 염화포

타슘이 석출되게 된다. 이 때 소금의 용해도는 30g보다 크므로 여전히 용액에 남게 되어 선택적으로 염화포타슘만을 분리할 수가 있다.

이 실험에서는 중크롬산소듐($Na_2Cr_2O_7$)과 염화포타슘을 물에 녹여 K^+, Na^+, Cl^-, $Cr_2O_7^{2-}$을 포함하는 용액을 만든다. 용해도의 차이 때문에 $K_2Cr_2O_7$, NaCl이 생긴다. 이 용해도 관계를 표 10-1에 나타내었다. 여기서, NaCl은 온도에 따른 용해도의 변화가 거의 없고 $K_2Cr_2O_7$은 온도에 따른 용해도의 변화가 크다. $K_2Cr_2O_7$은 이 용액으로부터

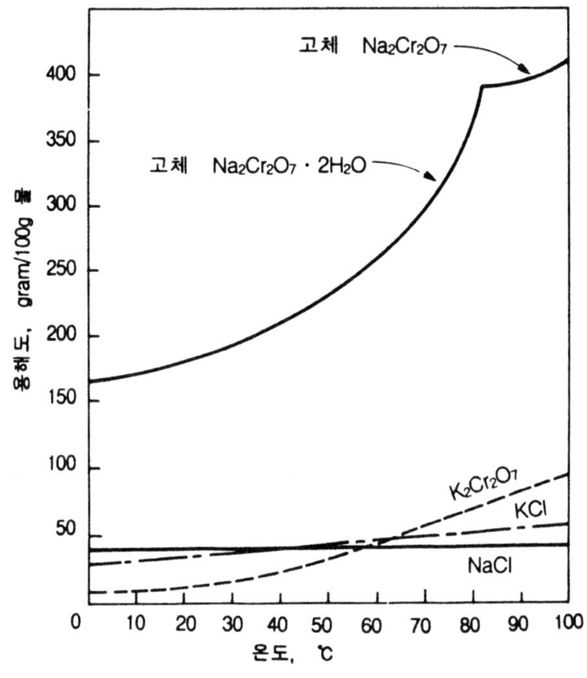

그림 10-1 용해도 곡선

표 10-1 용해도 (g/100g H_2O)

온 도(℃)	NaCl	KCl	$Na_2Cr_2O_7 \cdot 2H_2O$	$K_2Cr_2O_7$
0	35.7	27.6	143	5
20	36.0	34.0	178	12
40	36.6	40.0	223	26
60	37.3	45.5	280	43
80	38.4	51.1	376	61
100	39.8	56.7		87

순수한 결정으로 석출되고 NaCl은 전 온도 범위에서 거의 결정화되지 않을 것이다. 그러므로 NaCl의 결정은 혼합용액에서 $K_2Cr_2O_7$ 결정을 분리하고 남은 용액을 증발시키면 얻을 수 있다.

실험기구 및 시약

실험기구 : 메스 실린더, 유리막대, 핫플레이트, 거름종이, 아스피레이터, 감압 플라스크, 뷰흐너 깔때기, 비커, 화학저울

시　　약 : $Na_2Cr_2O_7 \cdot 2H_2O$, KCl, 6N HNO_3, $AgNO_3$, 아세톤

실험방법

(1) 7.5g의 $Na_2Cr_2O_7 \cdot 2H_2O$와 4g의 KCl을 250mL 비커에 넣고, 증류수 25mL를 가한 후 천천히 끓여서 두 화합물을 모두 녹인다.

(2) 녹인 용액을 수돗물로 냉각한다.

(3) 수득률을 높이기 위하여 침전이 생기기 시작한 후에도 3~4분간 계속하여 비커를 흔들어서 냉각한다.

(4) 냉각시킨 후 뷰흐너 깔때기를 이용하여 침전을 거른다. 이 침전이 $K_2Cr_2O_7$이다.

(5) 걸러진 용액을 100mL 비커에 옮기고 서서히 가열하여 NaCl의 흰 결정이 나타낼 때까지(약 1/4) 부피를 줄인다. NaCl의 용해도는 온도에 따른 변화가 거의 없기 때문에 용매의 양을 줄여서 석출해야 한다.

(6) 5의 용액을 깔때기에 옮겨서 거르면 NaCl이 얻어진다.

(7) 이 때 남은 용액을 더욱 냉각시키면 노란 결정($K_2Cr_2O_7$)이 석출된다.

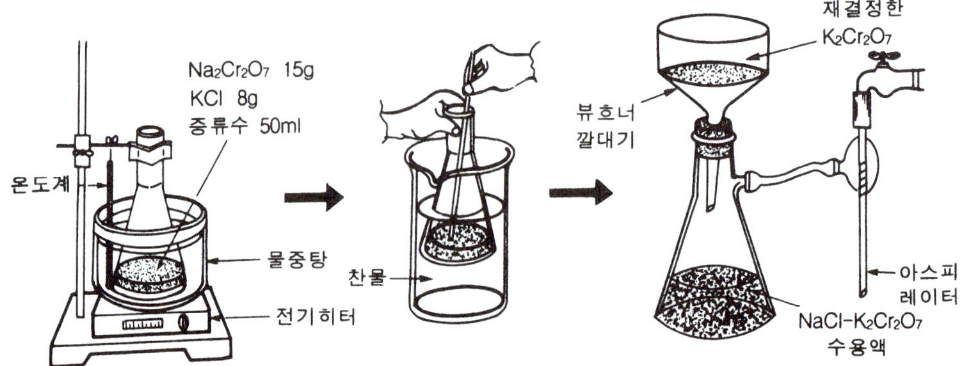

그림 10-2 혼합물의 재결정

(8) 이 $K_2Cr_2O_7$과 4번에서 생긴 $K_2Cr_2O_7$를 합쳐 무게를 단다.
이 $K_2Cr_2O_7$의 결정은 불순하기 때문에 재결정을 해야 한다.

(9) 위에서 얻은 무게의 $K_2Cr_2O_7$를 100℃에서 용해하는데 필요한 최소한의 물을 표 10-1의 용해도를 이용해서 계산하여 비커에 넣는다.

(10) $K_2Cr_2O_7$을 비커에 넣고 완전히 녹을 때까지 가열한 후 냉각시킨다.

(11) 이것을 감압 플라스크로 거른 후, 얻어진 결정을 두 장의 거름종이 사이에 놓고 가볍게 눌러서 물기를 대강 없앤 후, 말려서 무게를 잰다.

(12) 순도는 다음과 같이 하여 결정할 수 있다.
NaCl : 노란색의 $K_2Cr_2O_7$ 불순물은 눈으로 보아 알 수 있다.
$K_2Cr_2O_7$: 이 실험에서 얻은 고체 소량을 10mL 증류수에 녹이고 1mL의 묽은 질산(6N)을 가한 다음 질산은 용액 4~5방울을 떨어뜨린다. 흰 침전이 생기면 Cl^-이온이 있다는 증거이다.

주의사항

(1) $Cr_2O_7^{2-}$이온을 포함하고 있는 용액은 하수구에 버리지 말고 회수하여 처리한다.

(2) $AgNO_3$ 용액은 갈색병에 보관한다.

10 용해도를 이용한 분별결정 결과보고서

학 과 : 학 번 : 이 름 :

실험조 : 실험일 :

1. 측정결과

처음 얻은 $K_2Cr_2O_7$의 무게 ____________ g

재결정한 $K_2Cr_2O_7$의 무게 ____________ g

2. 실험결과

(1) $K_2Cr_2O_7$의 수득률

처음 얻은 $K_2Cr_2O_7$의 수득률 ____________ %

재결정한 $K_2Cr_2O_7$의 수득률 ____________ %

(2) 얻은 결정의 순도 결정

$K_2Cr_2O_7$

NaCl

3. 논의

(1) 이 실험의 전체 반응식을 쓰시오.

(2) 염화소듐과 중크롬산소듐의 결정을 분리해낼 수 있는 이론적 근거에 대해 설명하시오.

11 전기전도성과 화학 결합

실험목적

전기 전도성을 이용하여 각 결정의 화학결합 방법을 이해한다.

원리

물질(결정)을 이루는 결합 방법으로는 이온결합과 공유결합과 금속결합이 있다.

이온결합이란, 원자가 안정한 전자 배치를 이루기 위해서 전자를 잃거나 얻게 되는데 이 때 생성된 이온들 사이의 정전기적 인력으로 인해 이루어지는 결합을 말한다. 이온결합에 의하여 이루어진 이온결정은 결합력이 강하여 녹는점, 끓는점이 높고 극성용매인 물에 잘 녹는다. 또한 이온결정은 고체상태에서는 전기를 통하지 못하나, 수용액이나 용융상태에서는 이온이 자유롭게 이동할 수 있으므로 전도성을 갖는다.

공유결합은 비금속 원자 간에 전자를 서로 내놓아 공유함으로써 이루어지는데, 공유결합 분자들로 이루어진 분자 결정은 분자 사이의 결합력이 약하므로 녹는점, 끓는점이 매우 낮고, 승화성이 있는 물질도 있다. 그러나 원자 결정은 원자들끼리 전자를 공유하여 그물구조 결정을 이루므로 결합이 세고, 녹는점, 끓는점이 매우 높다. 이들은 특별한 경우를 제외하고는 대부분 전기를 통하지 않는다.

자유전자에 의한 금속결정(금속결합 물질)은 자유전자가 원자와 원자 사이를 이동할 수 있으므로 고체상태에서도 전기를 잘 통하며 자유전자에 의한 여러 특징을 나타내게 된다.

실험기구 및 시약

실험기구 : 건전지, 전류계, 비커, 가스 버너, 도가니, 스탠드, 링, 석면판

시 약 : 염화소듐(NaCl), 염화칼슘($CaCl_2$), $K_3[Co(CN)_6]$, 설탕, 철, 구리

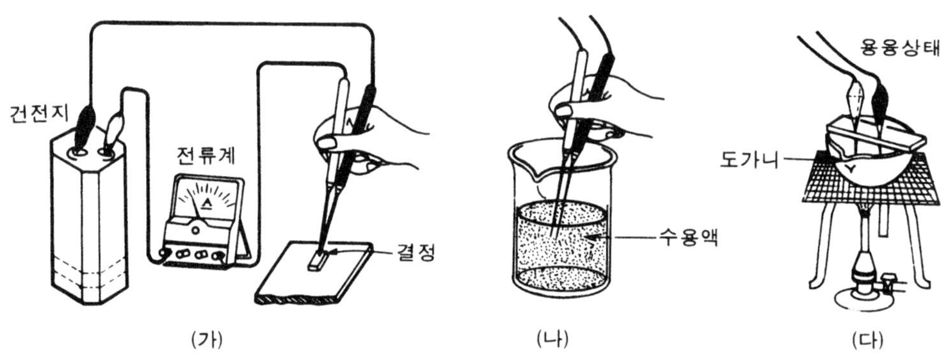

그림 11-1 각 결정의 결정, 수용액, 용융상태에서의 전도도 측정

실험방법

(1) 염화소듐(NaCl), 염화칼슘($CaCl_2$), $K_3[Co(CN)_6]$, 설탕, 철, 구리를 준비한다.

(2) 그림 11-1의 (가)와 같이 6개의 고체 결정에 각각 전극을 연결한 다음 전류가 흐르는지 관찰한다.

(3) 그림 11-1의 (나)와 같이 염화소듐(NaCl) 0.088g, 염화칼슘($CaCl_2$) 0.166g, $K_3[Co(CN)_6]$ 0.5g, 설탕을 증류수에 녹인 수용액속에 전극을 넣었을 때 전류가 흐르는지 관찰하고 전류량을 측정한다.

주의사항

(1) 고체 결정을 녹일 때는 3차증류수를 사용하여 다른 이온의 영향을 받지 않게 한다.

11 전기 전도성과 화학결합

결과보고서

학 과 : 학 번 : 이 름 :

실험조 : 실험일 :

1. 측정결과

	염화소듐	염화칼슘	$K_3[Fe(CN)_6]$	설 탕	철	구리
고체상태						
수용액						

2. 실험결과

(1) 측정결과로부터 화합물의 화학결합의 종류를 구별하시오.

(2) 측정결과로부터 결정의 종류를 결정하시오.

(3) 전도도 측정으로부터 이온화합물의 이온 수에 비례하여 전도도가 증가하는지 비교하시오.

12 종이크로마토그래피와 전이금속이온 분리

실험목적

종이 크로마토그래피에서 정지상과 이동상은 무엇이며 분리 원리는 어떤 것인지 공부하고 종이크로마토그래피를 이용하여 여러 가지 전이금속 이온이 담긴 혼합 용액에서 각 이온을 분리하고자 한다. 이 때 최적 분리 용매 조성을 HCl과 butanone을 사용하여 결정한다.

원리

크로마토그래피는 혼합물을 흡착제에 대한 친화도의 차이, 즉 분별흡착현상을 이용하여 분리・정제하여 정성・정량할 수 있는 방법이다. 즉 고정된 흡착제(고정상, stationary phase)에 혼합물을 적당한 용매(이동상, mobile phase)로 전개시키면 혼합물 중 흡착성이 강한 물질과 약한 물질은 고정상을 통과하는 이동속도가 다르기 때문에 흡착 층의 모양이 달라진다. 흡착 층에 각 성분들이 띠(band)나 점(spot)의 모양으로 나타날 것이며, 이 때 생기는 흡착 층의 모양을 크로마토그램(chromatogram)이라고 한다. 정지상의 종류, 지지 형태, 이동상의 종류나 물리적 상태 등에 따라 여러 가지 형태의 크로마토그래피가 존재한다.

크로마토그래피는 이동상의 상태에 따라 보통 GC(gas chromatography)와 LC(liquid chromatography)로 크게 나누고, 정지상의 상태와 종류에 따라 세분할 수 있는데 정지상을 칼럼에 넣고 용리시키는 칼럼법과 정지상을 얇은 판 위에 묻히거나 거름종이를 사용하는 판법 등이 있다(그림 12-1).

종이 크로마토그래피 (paper chromatography, PC)는 얇은 막 크로마토그래피 (thin

layer chromatography, TLC)와 비슷하지만 그 원리는 약간 다르다. 분리하려고 하는 혼합물의 반점을 종이 조각의 끝부분에 만들고 이 종이 끝을 용매 속에 잠기게 (반점은 잠기지 않게) 하면 용매가 종이를 따라 스며 올라가면서 혼합물이 분리되어 각각의 반점을 형성한다. 종이 크로마토그래피에서는 종이의 섬유질에 세게 흡착되어 있는 극성인 액체상(보통은 물)과 용출용매 사이에 시료가 분포되므로 이것은 액체-액체 분배 크로마토그래피(partition chromatography)이다. 반면 얇은 막 크로마토그래피(TLC)는 고체인 정지상과 액체인 이동상 사이의 흡착된 상태에 따라 시료가 분리되므로 이는 흡착 크로마토그래피(adsorption chromatography)이다.

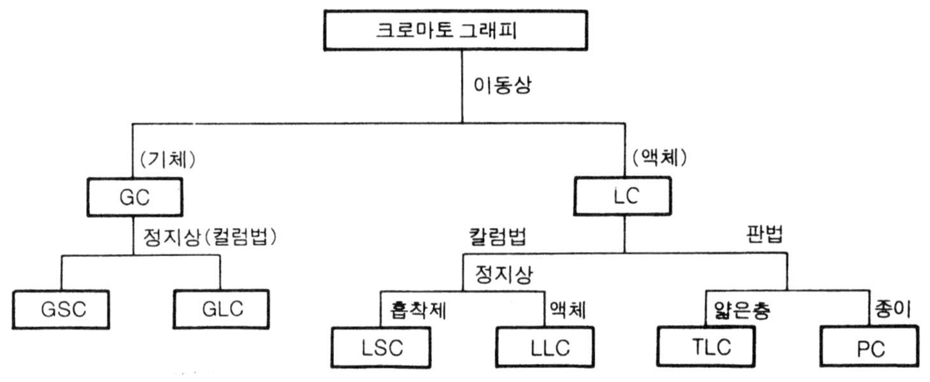

GC : 기체 크로마토그래피　　LC : 액체 크로마토그래피
GSC : 기체-고체 크로마토그래피　　GLC : 기채-액체 크로마토그래피
LSC : 액체-고체 크로마토그래피　　LLC : 액체-액체 크로마토그래피
TLC : 얇은 층 크로마토그래피　　PC : 종이 크로마토그래피

그림 12-1 크로마토그래피의 종류와 분류

화합물들은 그 머무름 인자 (retention factor, R_f)값을 비교함으로써 확인할 수 있는데 R_f값의 재현성은 TLC보다도 종이 크로마토그래피의 경우가 더 크므로 이런 점에서는 매우 유용하다.

용질의 이동률(rate of flow) R_f는 다음 식으로 구할 수 있다.

$$R_f = \frac{\text{용질}(A)\text{이 이동한 거리}}{\text{용매(물)가 이동한 거리}} = \frac{a}{h}$$

용질이 이동한 거리는 반점의 중심까지의 거리를 취한다. R_f 값은 용매, 온도, 압력, 습도, 거름종이 등의 조건이 일정하면 순수한 물질 또는 인위적인 혼합물일 경우 재현성이 있는 일정한 값으로, 이를 이용하여 그 물질을 확인할 수 있다.

일반적으로 그림 12-2와 같이 검체와 예상되는 순수한 물질을 동시에 거름종이에 묻혀서 같은 조건하에서 전개시켜 동일한 R_f 값으로 그 물질을 확인한다.

종이 크로마토그래피는 TLC의 경우와 마찬가지로 혼합물 중에서 어떤 화합물을 분리하여 많은 양을 얻어 보려는 수집과정이라기 (칼럼 크로마토그래피의 경우) 보다는 반응혼합물을 쉽고 신속하게 정성적으로 분석할 수 있는 방법으로 유기화학자나 특히 생화학자들에게는 값진 방법으로 이용되고 있다.

본 실험에서는 종이 크로마토그래피를 이용하여 세 가지 전이금속 양이온이 포함된 혼합물에서 각 이온을 분리하고자 한다. 크로마토그래피에서 결정적인 부분은 혼합물 안에 있는 각각의 성분을 가장 잘 분리할 수 있는 용매의 혼합 조성을 알아내는 일이다. 최적의 분리에 의해 다양한 성분들이 겹쳐지지 아니하고 크로마토그래피 상에서 각각 분리되는 것이다. 본 실험에서는 butanone과 HCl의 조합을 사용하여 실험할 것인데, 실험 수행자는 이들의 조합을 달리하여 최적의 분리 용매 혼합조성을 알아내야 한다.

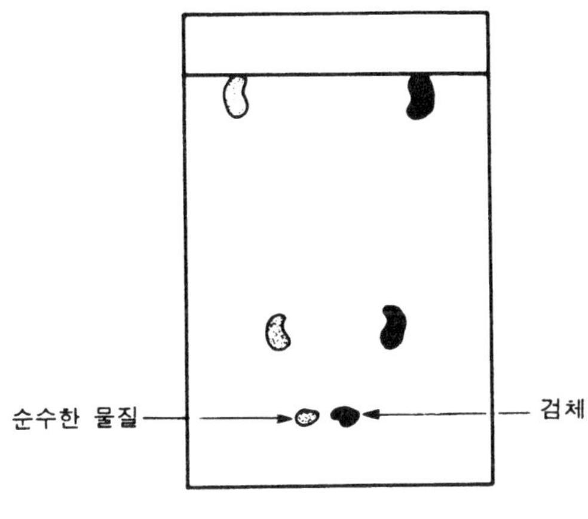

그림 12-2 검체의 확인

실험 기구 및 시약

실험기구 : 척도자, 연필, 크로마토그래피용 거름종이(2cm×20cm), 피펫(5ml), 큰 시험관 (3cm×25cm) 혹은 비커, 코르크 마개, 검정색 수성펜 클립, 전기건조기, 저울, 눈금실린더, 모세관, 핀셋, 시계접시

시 약 : $CoCl_2 \cdot 6H_2O$, $NiCl_2 \cdot 6H_2O$, $CuCl_2 \cdot 2H_2O$, 7.0M HCl, HNO_3, butanone, 암모니아, 티오시안산 암모늄의 아세톤 포화용액, 1% 디메틸 글리옥심-에탄올, 에탄올, 메탄올, 톨루엔, 증류수

실험방법

실험 1. 수성펜을 이용한 크로마토그래피

(1) 크로마토그래피용 종이의 한쪽 끝에서 약 1cm 떨어진 곳에 연필로 출발선을 긋는다.
(2) 수성 펜으로 출발선 중앙에 점을 찍는다.
(3) 파스퇴르 피펫으로 증류수를 약 0.5cm 높이가 되도록 시험관에 넣는다.
(4) 핀셋을 이용해 종이를 시험관에 넣는다.
(5) 종이 면에서 용매가 증발되지 않도록 시험관을 호일로 막고 가만히 둔다.
(6) 종이의 위 끝에서 1~2cm되는 곳까지 물이 모세관 현상으로 스며 올라오게 되면 종이를 꺼낸다.
(7) 물이 스며 올라온 자리에 연필로 줄을 긋고 종이에 매달아 말린다.
(8) 출발선에서 이동한 거리를 재어서 Rf값을 계산한다.
(9) 용매를 바꿔서 동일한 실험을 한다.

실험 2. 전이금속이온 분리

A. 금속이온 혼합용액 제조

(1) $CoCl_2 \cdot 6H_2O$, $NiCl_2 \cdot 6H_2O$, $CuCl_2 \cdot 2H_2O$를 약 0.2g씩 무게를 달아 소량의 물에 녹이고 진한 HCl 500ml와 HNO_3 50ml를 가한 후, 증류수로 1l되게 묽혀 금속이온

혼합용액을 만든다.

B. 종이크로마토 그래피에 의한 전이금속 이온의 분리

(1) 작은 시험관에 Co^{2+}, Ni^{2+}, Cu^{2+} 이온을 담은 혼합물을 1ml 넣는다.

(2) 3장의 크로마토그래피용 거름종이의 좁은 면의 한쪽 끝에서 약 1cm 떨어진 곳에 연필로 출발선을 긋는다.

(3) 깨끗한 모세관을 사용하여, 1의 시험관에 모세관을 담은 후 이 혼합물의 점을 출발선 중앙에 찍는다. 이 때 반점의 크기는 10mm 직경 이하가 되도록 하나 전개시키기에 충분한 농도가 되어야한다. 이렇게 하기 위해서 반점을 찍은 후 조금 기다려 반점이 종이에 흡수된 다음 그 위에 다시 반점을 찍는 것이다. 이와 같은 과정을 4~5회 정도 반복하면 충분한 농도의 작은 반점을 만들 수 있다.

(4) 거름종이를 건조시킨다.

(5) 크로마토그래피용 거름종이의 다른 한쪽 끝을 클립을 이용하여 고정시키고 비커 혹은 그림 12-3에서와 같은 시험관의 바닥을 가볍게 닿을 수 있도록 장치한다.

(6) 크로마토그래피용 거름종이를 시험관에서 제거한 후 피펫 혹은 스포이드를 이용하여 선택한 전개용매(butanone 과 HCl 혼합용매)를 시험관 바닥으로부터 약 0.5cm 높이가 되도록 시험관에 첨가한다.

(7) 거름종이를 그림 12-3과 같이 시험관에 넣는다.

(8) 거름종이 면에서 전개용매가 증발되지 않도록 시험관에 마개를 하여 가만히 둔다. 이 때 각 성분은 전개용매와 함께 점점 위로 이동하여 일정한 자리에서 분리될 것이다. 이것을 가리켜 크로마토그램의 전개(developing)라 한다.

(9) 거름종이의 위 끝에서 1~2cm되는 곳까지 전개용매가 전개되면 거름종이를 꺼낸다.

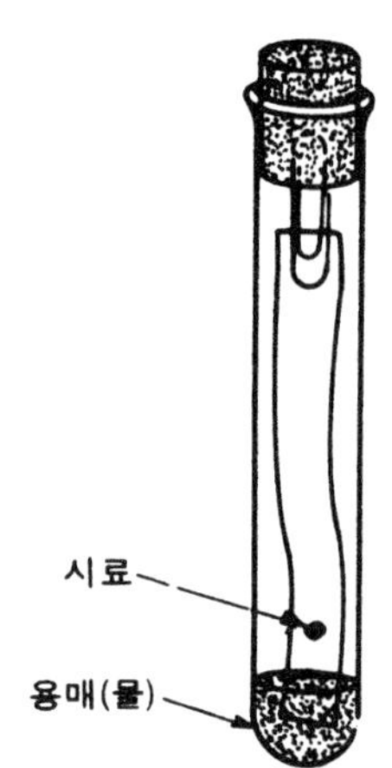

그림 12-3 PC의 기본장치

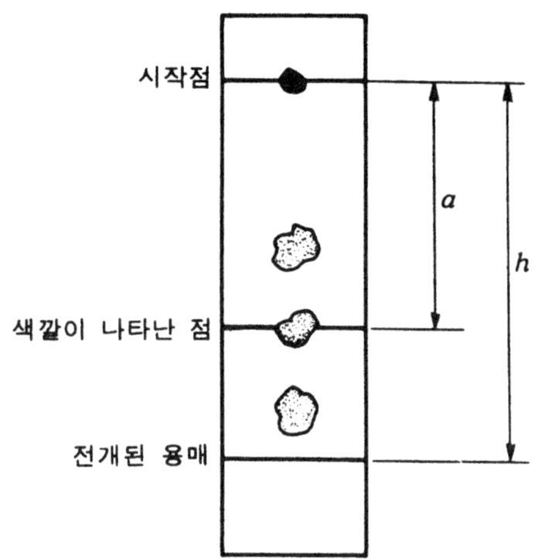

그림 12-4 크로마토그램과 Rf 값의 계산

(10) 전개용매가 올라온 자리에 연필로 줄을 긋고, 전기건조기(100℃) 속에서 거름종이를 매달아 말린다.

(11) 10ml 정도의 진한 암모니아수가 들어있는 비커 위에 건조된 종이를 매달아 암모니아 증기를 쐬며 종이의 산성이 중화될 때까지 방치한다.

(12) 이 크로마토그램을 깨끗한 거름종이위에 놓고 용매를 날려 보낸 다음, 시계접시에 NH_4SCN 포화용액을 담고 거름종이를 살짝 넣었다가 꺼내어 건조시키고 나타난 점과 색깔을 기록하라.

(13) 다시 디메틸 글리옥심 용액에 통과시켜 건조시키고 나타난 점과 색깔을 기록하라.

(14) 출발선에서 이동한 거리를 재어서 R_f값을 계산하고 크로마토그램을 그대로 스케치한다.

(15) 앞의 3에서 14의 과정을 조성이 다른 전개용매를 사용하여 반복한다. 이 실험은 동시에 할 수 있기 때문에 미리 계획을 세운 후에 몇 가지 용매조성을 만들어 실험을 시작하도록 한다. 용매의 조성을 여러 가지로 만든 후에 몇 조가 나눠 실험할 수도 있다.

(16) 혼합물을 분리하는데 최적 용매 조성을 결정한다.

주의사항

(1) 시료를 거름종이에 찍을 때, 소량씩 여러 번 묻혀야 분리가 잘된다.

(2) 시험관에 전개용매를 넣을 때 시험관 벽이 젖지 않도록 한다.

(3) 시료를 묻힌 점이 전개용매 속에 담기지 않도록 한다.

(4) 젖은 종이를 깨끗하지 않은 곳에 내려놓지 않도록 한다.

(5) 전개용매 사용 시 후드 안에서 실험하는 것이 바람직하다. 여러 조가 함께 하나의 후드를 사용하는 경우에는 시험관 아래에 조 이름을 적은 종이를 깔아주어 다른 조의 실험과 혼선되지 않도록 유의한다.

(6) HCl, 암모니아는 폐에 자극을 주고 유독하므로 이들을 사용할 때는 반드시 후드 안에서 실험하도록 한다.

12 종이 크로마토그래피와 전이금속이온의 분리 결과보고서

학 과 : 학 번 : 이 름 :

실험조 : 실험일 :

1. 실험결과

(1) 수성펜을 이용한 크로마토그래피

① 용매의 출발점으로부터의 거리

용매의 조성					
거리 (cm)					

② 각 이온의 출발점으로부터의 거리

색깔	용매의 조성				
	cm	cm	cm	cm	cm
	cm	cm	cm	cm	cm
	cm	cm	cm	cm	cm
	cm	cm	cm	cm	cm

③ 각 이온의 R_f값

색깔	용매의 조성				
	cm	cm	cm	cm	cm
	cm	cm	cm	cm	cm
	cm	cm	cm	cm	cm
	cm	cm	cm	cm	cm

④ 크로마토그램 스케치

크로마토그램 1	크로마토그램 2	크로마토그램 3
크로마토그램 4	크로마토그램 5	크로마토그램 6

⑤ 최적 용매 조건

____

(2) 전이금속이온 분리

① 용매의 출발점으로부터의 거리

용매의 조성					
거리 (cm)					

② 각 이온의 출발점으로부터의 거리

색깔	용매의 조성				
	cm	cm	cm	cm	cm
	cm	cm	cm	cm	cm
	cm	cm	cm	cm	cm
	cm	cm	cm	cm	cm

③ 각 이온의 R_f값

색깔	용매의 조성				
	cm	cm	cm	cm	cm
	cm	cm	cm	cm	cm
	cm	cm	cm	cm	cm
	cm	cm	cm	cm	cm

④ 크로마토그램 스케치

크로마토그램 1	크로마토그램 2	크로마토그램 3
크로마토그램 4	크로마토그램 5	크로마토그램 6

⑤ 최적 용매 조건

____

2. 생각해 볼 문제

(1) 용매의 조성에 따라 각 색깔의 Rf 값이 어떻게 달라지는지 분석하라.

(2) 각 색깔의 극성에 대해 어떤 정보를 얻을 수 있는가?

13 화학반응에서의 양적 관계

실험목적

화학반응에서의 양적 관계를 탄산칼슘과 염산의 반응을 이용하여 알아본다.

원리

흔히 말하는 화학반응에는 원소가 결합하여 화합물이 되거나 역으로 화합물이 분해되어 원소가 되는 반응, 그리고 한 화합물이 새로운 화합물로 바뀌는 반응 등이 있다. 화학반응에 있어서, 원자는 쪼개질 수도, 새로 생성될 수도 없으므로(원자설) 화학반응 전후에 있어서 각 원소의 원자의 수(원자의 몰수)는 같아야 한다. 따라서 반응 전후의 질량은 보존되며(질량보존의 법칙), 화합물의 구성 원소 사이의 질량비가 일정하므로(일정성분비의 법칙), 완결된 화학반응식으로부터 반응물질과 생성물질, 그리고 각 물질 사이의 질량비를 알 수 있다. 또한 기체들이 화학반응에 관여할 때 반응하거나 생성되는 기체들의 부피의 비는 간단한 정수의 비가 성립한다(기체반응의 법칙). 이것은 물질이 원자들이 모여서 된 분자라는 작은 알갱이로 되어 있으며, 모든 기체는 일정한 온도와 압력에서 같은 부피 속에 같은 수의 기체 분자가 존재하기 때문이다(아보가드로의 법칙). 화학반응식은 위의 법칙들에 근거하여, 반응물질과 생성물질, 그리고 각 물질 사이의 질량비, 부피비, 분자수의 비, 몰수비를 나타내므로, 이를 이용하면 한 물질의 양으로부터 반응에 참여한 다른 물질의 질량, 부피, 입자수, 몰수 등을 구할 수 있다.

예를 들면, 부탄의 연소반응식

$$2\ C_4H_{10} + 13\ O_2 \rightarrow 8\ CO_2 + 10\ H_2O$$

에서 다음과 같은 양적 관계를 알 수 있다.

$$2\text{분자 } C_4H_{10} + 13\text{분자 } O_2 \rightarrow 8\text{분자 } CO_2 + 10\text{분자 } H_2O$$

또는,

$$2\text{몰 } C_4H_{10} + 13\text{몰 } O_2 \rightarrow 8\text{몰 } CO_2 + 10\text{몰 } H_2O$$

반응식에 나타난 몰수에 각 물질의 몰질량을 각각 곱해주면 다음과 같다.

$$116.2g\ C_4H_{10} + 416.0g\ O_2 \rightarrow 352.1g\ CO_2 + 180.2g\ H_2O$$

완결된 화학반응식은 반응물과 생성물 사이의 양적인 관계를 나타내준다. 이러한 양적 관계를 연구하는 화학의 한 분야를 화학양론(stoichiometry)이라 하고 화학양론이야말로 화학의 기본이 된다.

이 실험에서는 $CaCO_3$를 HCl(산) 존재 하에서 CaO와 CO_2로 분해하는데 각각 다른 무게의 $CaCO_3$를 분해하여 그 때 발생하는 CO_2의 무게를 측정하여 반응한 $CaCO_3$ 몰수와 발생한 CO_2 몰수가 완결된 화학반응식에서의 계수비와 일치하는지를 알아본다.

실험기구 및 시약

실험기구 : 삼각 플라스크(50mL~100mL) 4개, 화학저울, 약수저, 무게 다는 종이, 피펫, 피펫홀더

시　　약 : 2M HCl, $CaCO_3$

실험방법

(1) 무게 다는 종이에 $CaCO_3$ 0.50g, 1.00g, 1.50g을 정확히 단다(W1).

(2) 삼각 플라스크에 2M HCl 용액 20mL를 넣고 질량을 측정한다(W2).

(3) 삼각 플라스크를 저울에서 내려놓은 후, 1에서 측정한 $CaCO_3$ 0.50g을 조금씩 가하면서 반응시킨다. 이 때, 용액이 밖으로 튀어나가지 않도록 유의한다.

(4) 반응이 완전히 끝나면 다시 삼각 플라스크의 질량을 측정한다(W3).

(5) 같은 방법으로 $CaCO_3$ 1.00g, 1.50g을 넣어 반응시키고 질량을 측정한다.

(6) 실험결과를 가지고 반응한 $CaCO_3$ 몰수와 발생한 기체의 몰수를 구한 뒤 화학반응식에서의 "계수의 비 = mol 비"가 성립되는지 확인한다.

주의사항

(1) 저울로 질량을 측정할 때, 저울에 이물질이 묻지 않도록 유의한다.
(2) 탄산칼슘은 무게 다는 종이에 적당량을 덜어서 사용하되 한 번 약병에서 덜어낸 약품은 오염이 되었을 수도 있으므로 다시 시약병에 넣지 않도록 한다.
(3) 반응이 격렬하게 일어나면 용액이 튀어나가 오차가 커지므로 탄산칼슘을 조금씩 가하면서 반응시키도록 한다.
(4) 실험 과정에서 한 번 사용한 저울을 실험이 끝날 때까지 계속해서 사용하도록 한다.

14 화학반응에서의 양적 관계

결과보고서

학 과 : 학 번 : 이 름 :

실험조 : 실험일 :

1. 측정결과

$CaCO_3$의 무게($W1$)			
HCl+삼각 플라스크의 무게(W_2)			
$CaCO_3$+HCl+삼각 플라스크의 무게(W_1+W_2)			
반응 후 내용물+삼각 플라스크의 무게(W_3)			
발생된 기체의 질량($W_1+W_2-W_3$)			

2. 실험결과

반응한 $CaCO_3$의 몰수	발생한 기체의 몰수	간단한 정수비
		:
		:
		:

3. 논의

(1) 이 실험의 오차를 구하고 오차의 원인에 대해 생각해 보시오.

14 황산철의 합성

실험목적

순수한 철을 묽은 황산으로 산화반응시켜 이온성 화합물인 황산철(Ⅱ)로 만들고 황산철 화합물의 물과 에탄올에 대한 용해도 차이를 이용하여 결정으로 분리한다.

원리

묽은 황산과 순수한 철가루를 반응시키면 철이 산화되어 황산철(Ⅱ)이 얻어진다.

$$Fe(s) + H_2SO_4(aq) + x\ H_2O(l) \rightarrow FeSO_4 \cdot 7H_2O(aq) + H_2(g) + y\ H_2O(l)$$

생성된 황산철(Ⅱ)은 7분자의 결정수(H_2O)를 포함하며, 물에는 가용성이지만 에탄올에서는 용해도가 작으므로 황산철(Ⅱ) 수용액을 에탄올에 넣어서 석출시킨다. 이 때 가볍게 저으면서 넣으면 순수한 작은 결정의 황산철(Ⅱ) 수용액이 얻어지나, 그냥 방치하면 불규칙한 큰 결정이 생성되는데 이는 결정 속에 원래의 용액이 함유되기 때문이다.

황산철(Ⅱ)의 결정을 공기 중에 방치하면 결정수의 일부를 잃어버려, 표면으로부터 산화되어서 황갈색의 황산수산화철(Ⅲ), $Fe(OH)SO_4$로 변한다. 황산철(Ⅱ)의 결정을 가열하면 70~80℃에서는 5분자의 결정수를, 100℃에서는 6분자의 결정수를 잃어버리며, 300℃에서는 백색의 무수물로 변한다. 더 높은 온도에서는 이산화황과 삼산화황을 발생하고 산화철(Ⅱ)로 된다.

실험기구 및 시약

실험기구 : 삼각 플라스크(100 mL), 메스 실린더(50 mL), 유리막대, 뷰흐너 깔때기, 아스피레이터, 비커(150 mL), 거름종이, 전열기, 피펫(50 mL), 감압 플라스크, 물중탕, 저울, 스탠드, 클램프, 시험관

시　　약 : 철가루, 진한 황산, 에탄올

실험방법

(1) 250 mL 비커에 물 20 mL를 넣고 진한 황산 3 mL을 조금씩 서서히 가하면서 잘 저어준다.

(2) 이렇게 만든 묽은 황산 용액에 그림 14-1에서와 같이 철가루 2 g을 조금씩 넣으면서 잘 저어준다. 이 때 한꺼번에 철가루를 넣으면 거품이 많이 생겨서 처리하기가 어려우므로 주의한다.

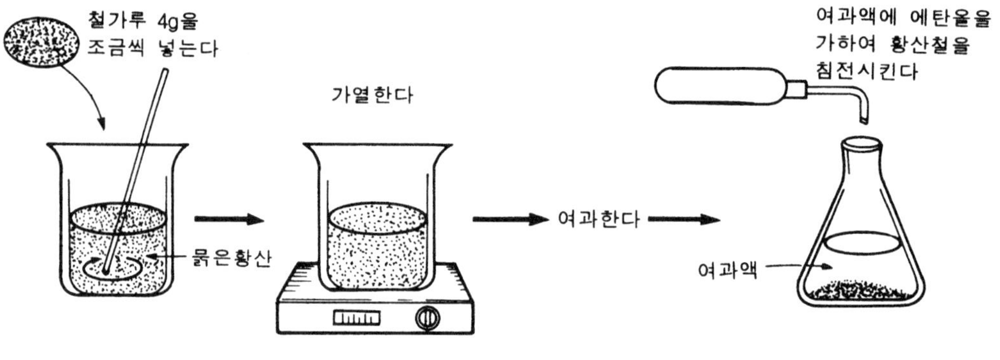

그림 14-1 황산철의 합성

(3) 이 혼합용액을 가열하여 과잉으로 존재하는 철이 더 이상 녹지 않는 것으로 확인되면 그림 14-2에서와 같이 감압 플라스크를 사용하여 용액을 거른다.

(4) 거른액 중 약 1 mL를 시험관에 넣고 냉각시켜서 생성된 결정의 색과 모양을 관찰한 후 거름종이 위에 펴서 말리고 무게를 잰다. 이 때 거름종이로 눌러 빨리 마르도록 한다.

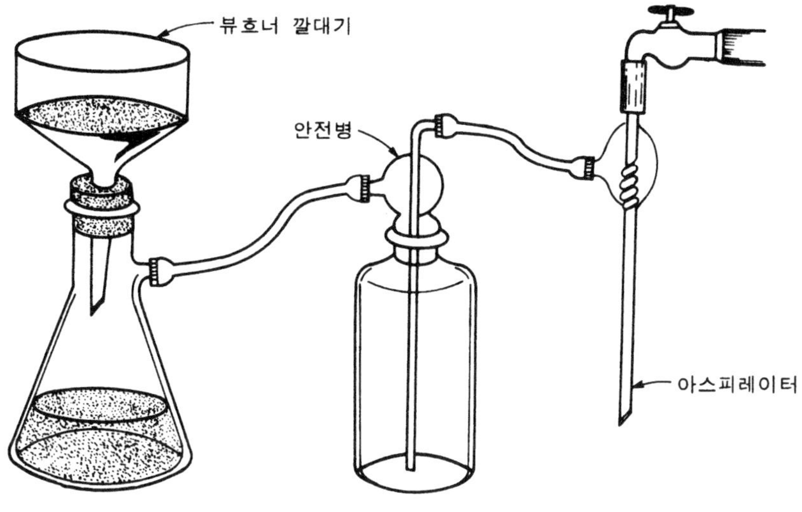

그림 14-2 황산철의 여과장치

(5) 나머지 용액에 에탄올 30~50 mL를 잘 저으면서 가한다. 만일 침전이 생기지 않으면 소량의 에탄올을 더 가해준다. 이 침전이 합성된 황산철이며 감압플라스크를 사용하여 거른 후, 건조시켜 무게를 잰다.

주의사항

(1) 진한 황산을 물로 묽힐 때 많은 열이 발생하여 다치기 쉬우므로 특히 조심하여야 한다. 절대로 황산에 물을 가하여서는 안 된다.

14 황산철의 합성 결과보고서

학 과 : 학 번 : 이 름 :

실험조 : 실험일 :

1. 측정결과

결정의 색	________
결정의 모양	________
얻은 황산철의 무게	________ g

2. 실험결과

사용한 철의 무게	________ g
얻은 황산철의 무게	________ g
황산철의 이론적 수득량	________ g
실험의 수득률	________ %

3. 논의

(1) 이 실험에서 얻은 수득량이 이론값과 일치하지 않는 이유를 설명하시오.

15 분말 야금법에 의한 도금 - 연금술사들의 꿈

실험목적

금속의 산화–환원 반응을 색깔 변화를 통해 시각적으로 확인한다. 황동의 성분을 실험을 통해 확인한다.

원리

중세에는 연금술사들이 값싼 금속에서 금을 만들어내려고 많은 시간과 노력을 기울였다. 그 결과 금은 만들어내지 못했지만 증류기와 같은 실험기구들이 제작됐고 많은 화학약품도 이때 만들어졌다. 이번 실험에서는 연금술사처럼 구리 동전을 금빛으로 빛나는 금동전으로 바꿔보자. 물론 실제로 동전이 금으로 바뀐 것은 아니고 금과 색깔이 비슷한 황동으로 바뀐 것이다.

처음 동전을 아연가루와 수산화소듐 용액에 넣고 가열하면 아연과 수산화소듐이 반응해서 아연이 산화되는데 이 때 산화되는 아연의 전자를 받아 수소기체가 발생한다. 이 과정에서 구리동전 표면에 아연이 코팅돼 구리가 은색으로 변하게 된다. 은색으로 된 구리동전을 불에 넣고 잠깐 가열하면 아연과 구리가 녹아 합쳐져 새로운 합금인 황동을 만들어내 반짝이는 금빛으로 빛나게 된다. 황동은 구리가 60~82%, 아연이 18~40% 정도 섞여 만들어진 합금으로 아연이 어느 정도 포함되었느냐에 따라 금빛을 내는 정도가 달라진다.

실험기구 및 시약

아연분말, 6M NaOH용액(수산화소듐수용액), 10원 짜리 동전 또는 구리조각, 핫플레이트, 저울, 약숟가락, 핀셋, 버너, 비커

※ 유의점

(1) 실험할 때 화상에 유의하도록 한다.
(2) 동전 또는 구리조각은 표면에 다른 물질이 묻지 않도록 한다.
(3) 은전을 버너로 가열할 때 너무 가열하지 않는다.
(4) 남는 NaOH-Zn 혼합물은 1M H_2SO_4에 완전히 녹인 후 폐수통에 버린다.

실험방법

(1) 증발접시에 아연 분말 약 5g을 넣는다.
(2) 아연을 충분히 덮을 정도로 6M-NaOH용액을 가해 비커를 1/3정도로 채운다.
(3) 용액이 거의 끓기 시작할 때까지 비커를 가열한다.
(4) 사포로 표면을 깨끗이 닦은 10원짜리 동전을 준비한다. 그리고 10원짜리 동전의 질량을 정확히 잰다.
(5) 도가니 집게나 핀셋을 이용하여 동전을 비커에 담근다.
(6) 2~3분 동안 담그고 있으면 동전의 색이 변화하는 것을 관찰할 수 있다.
(7) 동전을 꺼내 헹군 후 거름종이 위에 올려놓고 말린다. 이때 휴지나 걸레로 문질러서 닦지 않도록 한다.
(8) 다 마른 10원짜리 동전의 무게를 정확히 측정하여 질량 변화를 기록한다.
(9) 핀셋으로 도금된 동전을 버너 불꽃에 넣으면 바로 금색이 나타날 것이다. 너무 심하게 가열하지 않도록 주의해야 한다.
(10) 금색으로 변한 동전을 꺼내어 씻고 말린다. 다 마르면 질량을 측정해 본다.

15 분말 야금법에 의한 도금 - 연금술사들의 꿈 결과보고서

학 과 : 학 번 : 이 름 :

실험조 : 실험일 :

(1) 질량변화에 대한 데이터를 정리한다.

처음 질량 ________________ g

은색 동전 질량 ________________ g

금색 동전 질량 ________________ g

(2) 이 반응에서의 산화-환원 반응식을 써라.

(3) 동전이 왜 은색으로 변화하는가?

(4) 동전이 왜 금색으로 변화하는가?

(5) 도금된 동전을 금색으로 변화시키기 위해 왜 가열하는가?

16 열량계의 열용량 측정

실험목적

일반적으로 화학반응이 진행되는 동안에는 열의 흡수 또는 방출이 수반되는데 이러한 열변화를 열계량법(calorimetric technique)에 의하여 직접 측정함으로써 열량계의 열용량을 구해본다.

원리

일정한 압력 하에서의 반응열은 반응물이 생성물로 변화할 때 생기는 온도 변화, ΔT를 관측함으로써 측정할 수 있는데 이러한 온도 변화를 정량적으로 측정하자면 열량계(calorimeter)라고 불리는 용기 내에서 반응을 진행시켜야 한다.

한 물체의 열용량(heat capacity, Cp)은 일정한 압력 하에서 물체의 온도를 1℃ 올리는데 필요한 열의 양으로 정의된다. 물체의 열용량이 크면 클수록 주어진 온도만큼 상승시키는데 더 많은 열을 가해 주어야만 한다. 열용량을 물체의 질량으로 나누어준 값을 그 물질의 비열(cal/g・℃)이라 하며, 이는 물질의 고유 성질로서 세기성질에 해당한다. 주어진 열량계의 열용량을 알아내자면 온도를 알고 있는 일정한 양의 물을 열량계에 담고 여기에 일정 질량을 갖는 일정 온도(물의 온도보다 높은)의 금속을 집어넣어 혼합한 후 전체의 평형온도를 알아내면 된다. 금속이 잃어버린 열량과 열량계 속의 물이 얻은 열량이 정확히 같다면 열량계가 흡수한 열량은 0일 것이다. 그러나 이 두 값에 차이가 있다면 열량계 속에 들어 있는 전체 물의 양과 비열, 그리고 금속의 양과 비열로부터 열량계 자체에 의하여 흡수된 열량을 알아낼 수 있을 것이다. 이로부터 온도가 1℃ 만큼 오를 때마다 열량계가 흡수한 열량인 열용량을 계산할 수 있다.

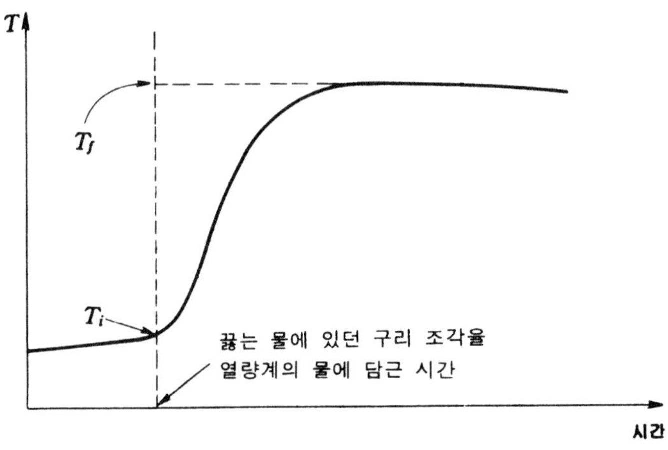

그림 16-1 전형적인 온도-시간 그래프

이상과 같은 온도 변화는 열량계와 주위와의 열 교환 때문에 측정하기가 간단하지 않으므로 그림 16-1과 같이 그래프 상의 외연장법을 이용한다.

이상의 실험에서 우리는 열량계의 열용량인 C_P를 다음과 같이 구할 수 있다.

물이 얻은 열량 = $(T_f - T_i) \times$ 물의 무게 $\times$ 1.00 cal/g · ℃

= ΔH_w cal

구리가 잃은 열량 = $(b.p_{water} - T_f) \times$ 구리의 무게 $\times$ 0.0921cal/g · ℃

= ΔH_{Cu} cal

열량계가 얻은 열량 = $(\Delta H_{Cu} - \Delta H_w)$cal = ΔH_c (cal)

열량계의 열용량 = $\Delta H_c / (T_f - T_i) = C_p$ (cal/℃)

여기서 열량계가 흡수한 총열량(ΔH_c)은 $C_p(T_f - T_i)$가 되며, 이 열량계를 이용하여 미지 금속의 비열을 구할 수 있다. 어떤 미지 금속 시료를 받아 위와 같은 실험을 했다면 미지 금속의 비열(C_s)은 다음과 같이 구할 수 있다.

열량계가 얻은 열량(ΔH_c) = $C_p(T_f - T_i)$

금속이 잃은 열량(ΔH_m) = $\Delta H_w + \Delta H_c$

C_s (cal/g · ℃) = ΔH_m / 금속의 무게$(b.p_{water} - T_f)$

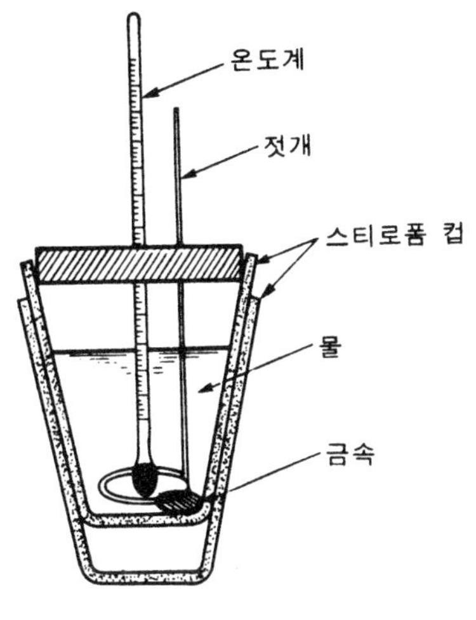

그림 16-2 컵 열량계

실험기구 및 시약

실험기구 : 스티로폼 컵, 스티로폼 뚜껑, 온도계, 실, 비커, 핫플레이트, 메스실린더, 화학저울, 노트북, 온도키트

시　　약 : 구리조각

실험방법

(1) 구리 한 조각의 무게를 잰다.

(2) 스티로폼 컵의 무게를 잰다.

(3) 스티로폼 컵에 약 100mL의 물을 가하고 무게를 잰다.

(4) 물의 온도를 기록한다. (물의 T_i)

(5) 비커에 물을 넣고 끓인 후 끓는 물의 온도를 기록한다. (구리의 T_i)

(6) 구리조각을 실로 묶은 후 끓는 물에 3분 정도 담가둔다. (구리조각이 바닥에 닿지 않도록 주의한다.)

(7) 수집 버튼을 누른 후 재빨리 구리 조각을 스티로폼 컵에 넣는다.

(8) 5초마다 온도를 읽는다.

(9) 온도가 일정하게 유지되는 곳에서 종료한다.

(10) 그림 16-1과 같은 그래프를 작성한다. (T_f 결정)

(11) 열량계의 열용량을 계산한다.

주의사항

(1) 끓는 물 속의 구리조각은 열의 손실이 없도록 즉시 열량계의 물에 옮긴다.

(2) 구리조각에 묻은 물방울은 재빨리 흔들어 털어 버린다.

(3) 끓는 물의온도를 잴 때에는 온도계가 비커 바닥에 닿지 않도록 한다.

(4) 온도키트는 뚜껑에 끼워서 미리 높이는 조정해둔다.

16 열량계의 열용량 측정 결과보고서

학 과 : 학 번 : 이 름 :

실험조 : 실험일 :

1. 측정결과

(1) 구리조각의 무게 ______ g

(2) 컵의 무게 ______ g

(3) 컵 + 물의 무게 ______ g

(4) 끓는 물의 온도(b.p. water) ______ ℃

(5) 물의 최초 온도(Ti) ______ ℃

시간															
온도															

시간															
온도															

시간															
온도															

2. 실험결과

(1) 물의 무게 ____________ g

(2) 물의 최대 온도 ____________ ℃

(3) 물이 얻은 열량 (ΔH_w) ____________ cal

(4) 구리가 잃은 열량 (ΔH_{Cu}) ____________ cal

(5) 열량계가 얻은 열량 (ΔH_C) ____________ cal

(6) 열량계의 열용량 (C_P) ____________ cal/℃

3. 논의

(1) 크기성질과 세기성질을 알아보고, 어떤 것들이 여기에 해당하는지 논의해 보시오.

(2) 물의 비열은 다른 물질에 비해 유난히 큰데, 이렇게 큰 물의 비열에 의해 나타나는 현상들을 논의해 보시오.

17 반응열 측정

실험목적

NaOH와 HCl의 중화 반응을 이용하여 반응 전후의 상태를 같게 하고 경로를 다르게 한 후, NaOH(s)의 용해열, NaOH(s)와 HCl 용액의 반응열, NaOH 용액과 HCl 용액의 중화열을 측정하여 총열량 불변의 법칙(Hess의 법칙)을 확인해 본다.

원리

화학 반응에 수반되는 일정한 양의 에너지를 반응열이라 하는데, 반응이 진행됨에 따라 열을 흡수하는 반응을 흡열 반응, 열을 방출하는 반응을 발열 반응이라 한다.

실험실에서 대부분의 화학 반응은 일정한 압력 하에서 이루어지므로 반응열은 엔탈피(enthalpy, ΔH)와 같게 된다. 화학변화가 진행되는 동안의 엔탈피 변화는 반응 전의 물질의 종류 및 상태와 반응후의 물질의 종류 및 상태만 같으면 반응경로에는 관계없이 일정하며, 이것을 헤스의 법칙이라고 한다. 이 헤스의 법칙은 엔탈피가 반응경로와는 무관한 상태함수(state function)이기 때문에 성립되는 법칙이다.

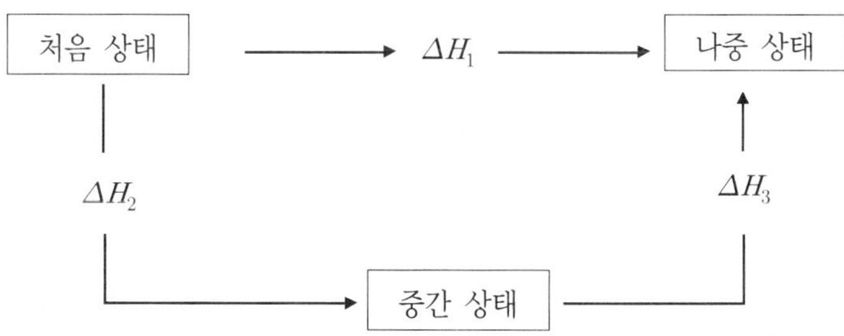

고체 수산화소듐과 염산과의 중화 반응을 반응식으로 나타내면 다음과 같으며, 여기서 ΔH_1은 이 반응의 반응열이다.

$$NaOH(s) + H^+(aq) + Cl^-(aq) \Rightarrow H_2O(l) + Na^+(aq) + Cl^-(aq) \quad (1)$$

이 반응을 다음과 같이 두 단계로 일어나게 할 수 있다. 즉 고체 수산화소듐을 물에 녹여 NaOH 수용액을 만들고, 이것을 염산으로 중화한다.

$$NaOH(s) \Rightarrow Na^+(aq) + OH^-(aq) \quad (2)$$

$$Na^+(aq) + OH^-(aq) + H^+(aq) + Cl^-(aq) \Rightarrow H_2O(l) + Na^+(aq) + Cl^-(aq) \quad (3)$$

여기서 ΔH_2 및 ΔH_3는 각각 두 반응에 대한 반응열이다.

반응식 (2)와 반응식 (3)을 더하면 반응식 (1)이 된다. 따라서 각 반응열 사이에서도 다음과 같은 Hess의 법칙을 만족시킴을 확인할 수 있다.

$$\therefore \Delta H_1 = \Delta H_2 + \Delta H_3 \quad (4)$$

이 식 (4)를 실험으로 확인해 본다.

실험기구 및 시약

실험기구 : 비커(250mL) 3개, 비커(500mL) 또는 플라스틱 폼 컵, 솜(또는 스티로폼) 보온대, 메스 실린더(100mL), 온도계(100℃), 저울, 무게 다는 병, 고무마개

시　　약 : 0.2 M NaOH, 0.1 M HCl, 0.2 M HCl, NaOH

실험방법

1. 반응 (1)의 반응열 측정

(1) 깨끗하게 씻어 말린 250mL 비커의 무게를 정확하게 측정한다.

(2) 이 플라스크를 스티로폼(또는 솜) 보온재로 싸서 보온한다.

(3) 0.1M 염산 용액 100mL를 넣은 다음 온도를 측정한다(Ti).

(4) 약 0.4g의 고체 수산화소듐 알갱이를 0.01g까지 재빠르게 달아서 플라스크에 넣고 흔들어서 잘 녹인다.

(5) 용액의 최종 온도(T_f)를 측정한다.

(6) 플라스크와 용액의 무게를 측정한다.

(7) 반응의 반응열(ΔH_1)을 다음과 같이 구한다.

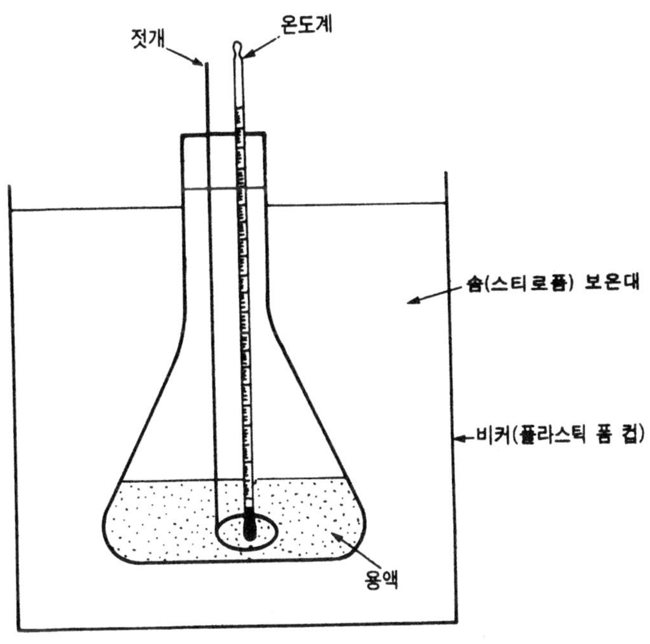

그림 17-1 반응열의 측정

이 반응에서 방출된 열은 용액과 플라스크에 의하여 흡수된 열량의 합과 같다.

$$\Delta H_1 = m_s \times \Delta T \times 4.18(\mathrm{J/g \cdot K}) + m_f \times \Delta T \times 0.85(\mathrm{J/g \cdot K})$$

여기서 m_s와 m_f는 각각 용액과 플라스크의 질량이며, 묽은 수용액의 비열은 4.18 J/g·K, 유리의 비열은 0.85 J/g·K로 가정한다.

2. 반응 (2)의 반응열 측정

(1) 실험 1에서 0.1M 염산 용액 대신 물 100mL를 사용하여 같은 방법으로 실험을 수행한다.

(2) 반응의 반응열(ΔH_2)을 구한다.

3. 반응 (3)의 반응열 측정

(1) 실험 1에서와 같은 방법으로 삼각 플라스크의 무게를 측정한다.

(2) 삼각 플라스크를 스티로폼 보온재로 싼 다음 0.2M 염산 용액 50mL를 넣는다.

(3) 메스 실린더에 0.2M 수산화소듐 용액 50mL를 취한다.

(4) 이 두 용액의 온도가 거의 같아질 때까지 기다려 그 온도를 기록한다(T_i).

(5) 수산화소듐 용액을 재빠르게 염산 용액에 쏟아 넣고 상승한 최종 온도를 기록한다(T_f).

(6) 반응의 반응열(ΔH_3)을 구한다.

17 반응열 측정

결과보고서

학 과 : 　　　　학 번 : 　　　　이 름 :

실험조 : 　　　　실험일 :

1. 측정결과

(1) 반응 (1)의 반응열

삼각 플라스크의 무게	______	g
고체 NaOH의 무게	______	g
중화된 용액과 플라스크의 무게	______	g
중화된 용액의 무게	______	g
염산 용액의 온도(T_i)	______	℃
중화된 용액의 최종 온도(T_f)	______	℃

(2) 반응 (2)의 반응열

삼각 플라스크의 무게	______	g
고체 NaOH의 무게	______	g
NaOH 용액과 플라스크의 무게	______	g
NaOH 용액의 무게	______	g
물의 온도(T_i)	______	℃
NaOH 용액의 최종 온도(T_f)	______	℃

(3) 반응 (3)의 반응열

삼각 플라스크의 무게	______	g
중화된 용액과 플라스크의 무게	______	g
중화된 용액의 무게	______	g
HCl 용액과 NaOH 용액의 평균 온도(T_i)	______	℃

중화된 용액의 최종 온도(T_f) ____________ ℃

2. 실험결과

(1) 반응 (1)의 반응열

상승된 온도, $\Delta T = T_f - T_i$ ____________ K

용액에 의해 흡수된 열량 ____________ J

플라스크에 의해 흡수된 열량 ____________ J

반응 (1)에서 방출된 열량 ____________ J

NaOH 1몰당 반응열, ΔH_1 ____________ kJ/moL

(2) 반응 (2)의 반응열

상승된 온도, $\Delta T = T_f - T_i$ ____________ K

용액에 의해 흡수된 열량 ____________ J

플라스크에 의해 흡수된 열량 ____________ J

반응 (2)에서 방출된 열량 ____________ J

NaOH 1몰당 용해열, ΔH_2 ____________ kJ/moL

(3) 반응 (3)의 반응열

상승된 온도, $\Delta T = T_f - T_i$ ____________ K

용액에 의해 흡수된 열량 ____________ J

플라스크에 의해 흡수된 열량 ____________ J

반응 (3)에서 방출된 열량 ____________ J

NaOH 1몰당 중화열, ΔH_3 ____________ kJ/moL

3. 논의

(1) Hess의 법칙이 성립됨을 확인하시오.

(2) 여러 형태의 중화반응(약산+강염기, 강산+약염기, 약산+약염기)에 대해서도 같은 결과가 얻어지는지를 생각해 보시오. 같은 결과가 아니라면 왜 이런 차이가 생기는지를 생각해 보시오.

(3) 고체 NaOH를 공기 중에 놔두면 어떤 현상이 일어나는지 생각해 보시오.

18 샤를의 법칙과 절대온도

실험목적

기체의 부피와 온도 조건을 변화시키면서 그들 사이의 정량적 관계를 조사함으로써 샤를의 법칙을 확인하고 절대온도의 개념을 이해한다.

원리

기체는 액체나 고체와 매우 다른 성질을 갖게 되는데 보일의 법칙, 샤를의 법칙, 아보가드로 법칙 등이 대표적인 예라고 할 수 있겠다. 그 가운데 샤를의 법칙에 의하면 기체의 부피는 온도에 비례하여 증가하기 때문에 $V = kT$라는 식으로 나타낼 수 있다. 여기서 V는 부피, T는 절대온도, k는 비례상수이다. 이 법칙은 비례관계로 다음과 같이 나타낼 수도 있다. 여기에서 V_1은 원래 부피, T_1은 원래의 절대 온도, V_2는 변한 새로운 부피 및 T_2는 변한 새로운 절대온도이다.

$$\frac{V_1}{V_2} = \frac{T_1}{T_2} \quad \text{또는} \quad V_2 = V_1 \times \frac{T_2}{T_1}$$

그러나 이 때 온도는 우리가 흔히 사용하는 섭씨온도가 아니라는 점을 주의해야 한다. 섭씨 0℃의 온도에서 기체의 부피가 0이 되지 않는 것을 우리는 경험으로 잘 알고 있다. 따라서 기체의 부피가 0이 되는 온도를 0으로 하는 새로운 온도 척도가 필요하게 되었는데 그것이 바로 켈빈(K, Kelvin)으로 표시하는 절대온도 척도이다.

이번 실험에서 온도에 따른 기체 부피 변화를 측정하여 샤를의 법칙을 확인하고 절대온도 척도에서 0도가 섭씨온도로 몇 도가 되는지 알아보도록 하자.

실험기구 및 시약

삼각 플라스크(125mL), 구멍이 2개 뚫린 고무마개, 실린더(50mL), 고무관, 끝이 구부러진 유리관, 비커(1L), 온도계

실험방법

(1) 다음 그림과 같이 실험 장치를 꾸민다. 그러나 처음에는 삼각플라스크에 온도계와 유리관을 장치하고 클램프를 이용하여 비커 밖으로 올려놓는다.

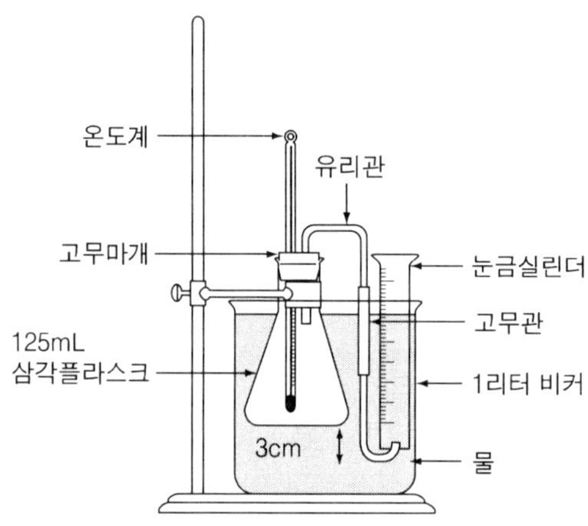

(2) 삼각플라스크 내부의 온도를 측정하여 기록한다.

(3) 비커에 물을 800 mL 정도 채우고 눈금실린더에 물을 가득 채워 비커에 거꾸로 세워놓는다. 눈금실린더에 물이 가득 찬 상태로 있어야 한다.

(4) 비커를 가열하여 물의 온도가 40℃ 정도가 되게 한다.

(5) 이제 삼각플라스크를 비커 안으로 넣고 위의 그림과 같이 장치를 완성한다. 플라스크가 가능하며 물에 깊이 잠기도록 하되 물이 넘치지 않도록 주의한다. 이 때 구부러진 유리관 끝을 손가락으로 막은 상태로 물에 넣어 실린더 안에서 열어 준다. 즉 팽창된 공기가 모두 실린더 내부로 들어가도록 하는 것이 중요하다.

(6) 실린더 내부의 물의 수면이 더 이상 변하지 않으면 삼각플라스크 내부의 온도를 측정하여 기록한다. 실린더를 올리거나 내려서 실린더 속의 수면이 비커의 수면과

일치하도록 한 상태에서 실린더에 있는 공기의 부피를 기록한다.

(7) 위의 실험을 50℃, 60℃, 70℃, 80℃에서 반복한다.

(8) 처음의 공기 부피는 삼각플라스크에 고무마개를 막고 그 끝에 눈금을 표시하고 그 곳까지 물을 부어 실린더로 물의 부피를 재면 된다.

(9) 대기압을 기록한다.

실린더에 포집된 기체는 공기와 수증기의 혼합물이기 때문에 공기에 의해 점유되는 부피를 계산해야 한다. 실험실의 정확한 대기압은 기상청에 문의하여 알아야 할 것이다. 실험을 시작하기 전에 플라스크에 들어있던 원래 공기 부피에 팽창한 부피를 더한 총 부피는 높은 온도에서의 최종부피와 동일하다. 샤를의 법칙에 맞는다고 가정하고 원래의 부피와 온도로부터 높은 온도에서의 마른 공기의 부피를 계산하여라. 이 계산 값이 실험에서 구한 값과 3mL 내에서 일치하는 지를 조사하여라. 시간이 허락하면 실험을 반복하여라.

18 샤를의 법칙과 절대온도 결과보고서

학 과 : 학 번 : 이 름 :
실험조 : 실험일 :

(1) 플라스크의 공기 부피 ________________ mL

(2) 대기압 ________________ mmHg

(3) 여러 온도에서의 측정

	처음	40	50	60	70	80
플라스크의 공기 온도 (℃)						
전체 공기 부피 (mL) (플라스크+실린더)						
샤를의 법칙으로 예측한 공기 부피 (mL)						
백분율 오차 (%)						

(4) 온도에 따른 부피의 변화를 그래프로 그려라. 온도를 x 축으로 하고 부피를 y 축으로 하라. 그래프를 계속 연장하여 공기의 부피가 0이 되는 온도를 예측하라.

(5) 플라스크의 공기 온도를 절대온도로 바꾸어 위와 동일한 그래프를 그려라.

19 기체상수의 결정

실험목적

실제기체가 이상기체의 법칙을 따른다는 가정 하에, 시료를 가열하여서 생성된 기체의 부피와 소모된 시료의 양을 측정하여 기체의 상태를 기술하는 데 필요한 기본상수인 기체상수의 값을 구해본다.

원리

기체의 양과 온도, 부피, 압력 등의 관계는 기체 상태방정식에 의하여 주어지고, 대부분의 기체는 높은 온도와 낮은 압력에서 이상기체의 상태방정식 $PV = nRT$를 만족한다.

$$PV = nRT$$

$$R = \frac{PV}{nT} = \frac{MPV}{wT}$$

이 실험에서는 시료 KClO3를 사용하여 발생되는 산소기체의 압력(P), 부피(V), 몰수(n), 그리고 온도(T)를 측정하여 위의 식으로부터 기체상수(R)를 계산한다. 여기서 w는 사용한 시료인 $KClO_3$의 무게이고, M은 $KClO_3$의 몰질량이다. $KClO_3$를 MnO_2와 잘 섞은 후 가열하면 산소기체가 발생하고 고체는 KCl로 변화하는데, 이와 관련된 화학반응식은 다음과 같다. 여기서 MnO_2는 정촉매로 작용한다.

$$2KClO_3(s) \rightarrow 2KCl(s) + 3O_2(g)$$

감소된 시료의 질량을 측정하여 산소의 분자량으로 나누어 주면 생성된 산소기체의 mol수를 알 수 있다. 이 반응에서 MnO_2는 촉매로 작용하기 때문에 산소기체의 발생만을 촉진시키고 그 자신은 변화하지 않는다. 이 실험에서 발생한 산소의 부피는 그림 19-1과 같은 장치에서 발생한 산소기체에 의해서 밀려나간 물의 부피로 계산한다. 그러나 시약병의 윗 부분에는 산소기체와 함께 수증기도 같이 들어있기 때문에 산소의 압력은 대기압에서 수증기의 증기압을 빼준 것이어야 한다(Dalton의 분압법칙).

$$P_{O_2} = P_{\text{대기압}} - P_{H_2O}$$

산소기체의 온도는 물의 온도와 같다고 가정하고 물의 온도를 온도계로 측정하여 얻는다.

실험기구 및 시약

실험기구 : 시험관, 고무마개, 알코올 램프, 1L 시약병, 1L 비커, 스탠드, 클램프, 화학저울, 핀치 클램프, 유리관, 고무관, 메스 실린더, 온도계, 기압계

시　　약 : $KClO_3$, MnO_2

실험방법

(1) 약 0.5g의 $KClO_3$와 약 0.05g의 MnO_2를 시험관에 넣고 무게를 측정한다.
(2) 시험관 안의 시료를 골고루 섞어 넓게 퍼지도록 한다.
(3) 시약병에 물을 가득 채우고 그림 19-1과 같이 장치를 한다.
이 때 시약병과 비커를 연결한 U자 관에 물이 가득 채워지도록 하고 실험장치의 모든 연결부분이 완벽한가를 확인한다.

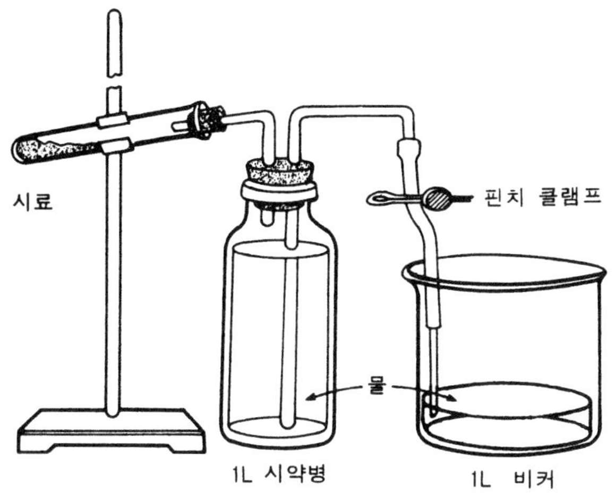

그림 19-1 기체 발생 장치

(4) 비커의 물을 100 mL 만 남기고 모두 버린다.

(5) 비커를 원래의 위치에 놓은 후 핀치 클램프를 열어준다.

(6) 알코올 램프를 사용하여 시험관을 서서히 가열한다.

(7) 시약병에서 밀려나온 물의 양이 약 100 mL가 되면 가열하는 것을 멈춘다.

(8) 시험관을 실온까지 식힌다.

(9) 비커의 높이를 조절하여 비커와 시약병의 수면의 높이를 같게 한 후 핀치 클램프를 잠근다.

(10) 메스 실린더를 사용하여 비커 속의 물의 부피를 측정한다.

(11) 남아있는 시료와 시험관의 무세를 정확히 측정한다.

(12) 대기압을 기록하고 시약병의 물의 온도를 측정한다.

주의사항

(1) 모든 장치가 새지 않도록 주의한다.

(2) 시료가 고무 마개에 닿지 않도록 한다.

(3) 시험관을 가열할 때 시약병의 물이 가열되지 않도록 조심한다.

(4) 가열시 산소 기체가 너무 급격히 발생하지 않도록 서서히 가열한다.

(5) 비커에 넣은 유리관의 끝이 항상 물에 잠겨 있도록 한다.

19 기체상수의 결정 결과보고서

학 과 : 학 번 : 이 름 :

실험조 : 실험일 :

1. 측정결과

(1) 가열하기 전 시료를 넣은 시험관의 무게 ____________ g

(2) 가열한 후 시료를 넣은 시험관의 무게 ____________ g

(3) 산소 기체의 부피 ____________ mL

(4) 대기압 ____________ atm

(5) 물의 온도 ____________ ℃

2. 실험결과

(1) 발생된 산소의 무게 ____________ g

(2) 발생된 산소 기체의 몰수 ____________ mol

(3) 물의 증기압력 ____________ mmHg

(4) 산소 기체의 부분압력(대기압 – 물의 증기압력) ____________ atm

(5) 산소 기체의 부피 ____________ L

(6) 기체의 온도 ____________ K

(7) 기체상수($R = PV/nT$) ____________ atm·L/mol·K

3. 논의

(1) 이론적인 R값과 측정한 R값과의 오차를 계산하고, 그 이유를 밝히시오.

(2) 위에서 논의한 기체상수의 단위와는 다른 단위를 갖는 기체상수에 대해 알아보시오.

(3) 이상기체와 실제기체의 차이점과 같은 점에 대해 생각해 보시오.

20 몰 질량 측정

실험목적

낮은 압력(대기압)에서 기체는 근사적으로 이상기체의 법칙에 따른다는 가정 하에 쉽게 기화하는 화합물의 분자량을 이상기체 방정식을 이용하여 결정한다.

원리

화합물의 분자량(molecular weight)은 구성하고 있는 원소들의 원자량의 합으로 나타낸다. 여기서 원자량(atomic weight)은 탄소 원자의 동위원소 가운데 자연계에 가장 많이 존재하는 질량수 12의 탄소 동위원소의 1/12을 기준으로 한 상대적 질량을 말한다. 이 때 질량수 12인 탄소 동위원소 12.00g에는 탄소 원자의 수가 6.02×10^{23} 개가 들어 있으며 이 숫자를 Avogardro 수라고 한다. 그러므로 분자량이란 Avogardro 수만큼의 분자가 차지하는 질량과 같은 값을 갖게 된다. 따라서 분자 1몰의 질량인 몰질량(molar mass, M)을 구하면 분자량을 결정할 수 있다.

대부분의 기체는 상온, 상압에서 이상기체 방정식을 만족하기 때문에 기체의 부피(V), 온도(T), 압력(P) 그리고 기체의 무게(w)를 측정하면 이상기체 상태 방정식으로부터 몰질량(M)을 구하여 분자량을 결정할 수 있다.

$$PV = nRT = \frac{w}{M}RT$$

$$M = \frac{wRT}{PV}$$

이 실험에서는 부피가 일정한 플라스크에 액체를 넣고 기화시켜 채운 후 그 무게를 측정하므로써 화합물의 몰질량을 결정한다.

실험기구 및 시약

실험기구 : 비커(500 mL), 삼각 플라스크(100 mL), 메스 실린더(250 mL), 피펫, 바늘, 온도계, 핫플레이트, 클램프, 화학저울, 알루미늄 호일, 고무줄, 기압계

시 약 : 에탄올

실험방법

(1) 완전히 말린 100 mL 삼각 플라스크의 입구를 알루미늄 호일로 막은 후 고무줄과 함께 무게를 잰다.

(2) 알루미늄 호일에 그림 20-1(a)와 같이 바늘로 작은 구멍을 낸다. 이 때 구멍의 크기는 작을수록 좋다.

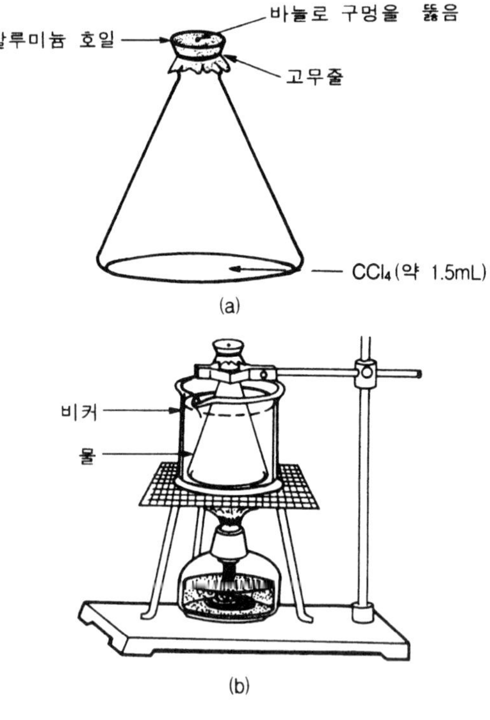

그림 20-1 분자량 결정 장치

(3) 플라스크에 약 1.5 mL의 액체시료를 넣고 알루미늄 뚜껑으로 다시 막은 후 고무줄로 동여맨다.

(4) 500 mL 비커에 250 mL정도의 물을 넣고 가열한다.

(5) 물이 끓으면 그림 20-1(b)와 같이 플라스크에 클램프를 장치하여 비커 속에 넣는다.

(6) 액체시료가 모두 기화할 때까지 기다린다.
가열하는 동안 알루미늄 뚜껑의 구멍을 옆에서 자세히 관찰하면 기체가 빠져나오는 것을 빛의 회절현상에 의하여 볼 수 있다.

(7) 플라스크 안의 액체시료가 모두 기화하여 더 이상 기체가 나오지 않으면 플라스크를 꺼내 실온으로 식힌다.

(8) 끓는 물의 온도와 대기압을 기록한다.

(9) 플라스크 주위와 알루미늄 뚜껑의 옆부분에 묻은 물기를 완전히 제거한다.

(10) 플라스크와 뚜껑과 고무줄의 무게를 다시 잰다.

(11) 플라스크를 잘 세척하여 물을 가득 채운 후 메스 실린더를 사용하여 물의 부피를 측정한다.

(12) 측정한 온도(T), 기압(P), 부피(V) 및 시료의 질량(w)을 가지고 이상기체 방정식으로부터 몰질량 M을 구하면 그 값이 분자량이다.

주의사항

(1) 알루미늄 호일의 구멍의 크기는 작을수록 좋다.

(2) 알루미늄 호일은 가능하면 물에 잠기지 않도록 한다.

(3) 실온으로 식힌 후 알루미늄 호일의 물기는 완전히 제거한다.

(4) 기체를 흡입하지 않도록 주의하고 실험실의 환기가 잘 되도록 한다.

(5) 가열된 플라스크는 매우 뜨거우므로 직접 손으로 만지지 말고 클램프를 사용하여 취급한다.

(6) 사용한 기체상수의 단위와 나머지 인자들의 단위를 일치시키도록 한다.

20 몰 질량 측정

결과보고서

학 과 : 학 번 : 이 름 :

실험조 : 실험일 :

1. 측정결과

(1) 플라스크와 알루미늄 뚜껑과 고무줄의 무게 ____________ g

(2) 응축된 시료가 담긴 플라스크와 뚜껑과 고무줄의 무게 ____________ g

(3) 끓는 물의 온도 ____________ ℃

(4) 대기압 ____________ atm

(5) 플라스크의 부피 ____________ mL

2. 실험결과

(1) 응축된 시료의 무게 ____________ g

(2) 기체의 온도 ____________ K

(3) 대기압 ____________ atm

(4) 기체의 부피 ____________ L

(5) 기체상수 ____________ atm · L/mol · K

(6) 액체 시료의 몰질량(M) ____________ g/mol

(7) 액체 시료의 분자량 ____________

3. 논의

(1) 액체 시료가 완전히 기화하기 전에 플라스크를 꺼냈다면 실험 결과는 실제의 분자량과 어떤 차이가 있겠는가?

21 에멀젼의 합성

실험목적

계면활성제의 콜로이드 형성과 서로 섞이지 않는 두 개의 액체를 균일하게 혼합시키는 에멀젼 형성의 원리를 이해한다.

원리

에멀젼은 아주 다양한 용도로 직접 또는 간접으로 사용되고 있다. 여성들이 많이 사용하는 화장용 크림도 에멀젼의 일종이며 기름성분의 함량에 따라 바니싱 크림계와 콜드 크림계로 나눈다. 바니싱은 대략 30%의 기름을 함유하고 밑화장 혹은 피부보호를 목적으로 하고 기름함량이 50-70%인 콜드 크림은 피부청결과 마사지 목적으로 사용한다.

버터와 마요네즈도 에멀젼의 일종으로 마요네즈는 계란의 레시틴이 유화제(에멀젼을 만드는 계면활성제의 역할을 하는 물질) 역할을 하여 식초와 식용유를 혼합되게 한다. 식초도 보조 계면 활성제 역할을 한다. 그리고 우유는 물에 분산된 버터지방 방울들의 에멀젼 용액이다. 단백질인 카제인이 유화제로 작용하여 지방을 분산시킨다.

쓸개에서 분비되는 담즙에 들어있는 담즙산은 생체 계면활성제로 좋은 유화제이며, 소장에서 지방을 에멀젼 상태로 분산시켜 흡수 되도록 하며 콜레스테롤을 녹이는 역할을 한다. 담즙산 분비가 적으면 콜레스테롤이 결전으로 침전되어 자라게 되고 이것이 담석의 요인이 된다.

계면활성제는 하나의 분자에 친수성의 머리 부분과 소수성의 꼬리부분을 함께 가지고 있는 양쪽성 분자이다. 친수성 부분은 설페이트($-SO_3^-$), 해리된 카복실기($-COO^-$)와 같은 음이온성 원자단이나 암모늄 이온($-R_1R_2R_3N^+$)과 같은 양이온성 원자단, 또는 하이드록시기($-OH$)와 같은 중성 원자단이다. 비극성인 소수성 꼬리 부분은 주로 긴 알킬 사슬인 경우가 많다.

스테아린산의 경우와 같이 소수성 꼬리 부분의 알킬 사슬이 아주 길고 친수성 머리 부분의 친수성이 크지 않은 분자들은 물에 거의 녹지 않고 물과 공기의 계면에서 단층막을 형성한다. 또한 지질(lipid)에서와 같이 한 개의 머리 부분에 2~3개의 긴 소수성 꼬리가 결합된 분자들은 표면이 이중막(bilayer)이고 닫힌 공간을 갖는 베시클(vesicle)을 형성한다. 세포는 단일 구획을 갖는 베시클의 좋은 예이다.

친수성과 소수성이 적절한 조화를 이룬 경우 계면활성제를 물에 넣으면 일부는 물-공기 계면에 흡착되며 물의 표면장력을 감소시키고 나머지의 대부분은 물에 용해된다. 계면에 흡착되어 물의 표면장력을 감소시키는 특성 때문에 이런 분자를 "계면활성제"라고 부른다. 계면활성제의 농도가 어느 정도 이상이 되면 계면활성제 분자들은 자발적으로 회합하여 대략적으로 구의 모양을 갖는 미셀(miscelle)을 형성한다. 미셀을 형성하는 계면활성제의 최저농도를 임계 미셀농도(critical miscelle concentration, CMC)라 한다. 정상 미셀(normal miscelle)은 계면활성제를 물에 첨가할 때 형성되는 것으로 소수성 꼬리가 구의 내부로 모이고 친수성 머리 부분이 구의 표면을 이루고 있다. 반면에 계면활성제를 유기용매에 넣으면 친수성 머리 부분이 내부로 모이고 소수성 꼬리 밖을 이루는 역미셀(reverse miscelle)이 형성된다.

물에서 형성된 정상 미셀의 내부는 소수성이기 때문에 그 속에 물에 녹지 않은 유기물질이 용해되고, 유기용매에서 형성된 역미셀의 내부는 친수성으로 물이 녹아 들어가서 물웅덩이를 만든다. 그래서 계면활성제는 물에 유기물질을 녹이거나 유기용매에 물을 혼합시키는 성질이 있으며 여러분야에서 실용적으로 활용되고 있고 생체계의 구조와 반응 및 이의 모방 연구 등에도 널리 이용되고 있다.

단일 계면활성제만으로 구성된 미셀의 내부는 공간이 좁기 때문에 정상 미셀에 녹아들 수 있는 유기물질의 양과 역미셀에 녹아드는 물의 양은 상대적으로 적다. 그러나, 정상 미셀 용액에 소수성 부분의 크기가 작은 보조 계면활성제를 함께 넣어주면 미셀의 표면에 끼어 들어가서 내부 공간을 넓히고 보다 많은 유기물질이 용해되게 한다. 이와 유사하게 보조 계면활성제를 역미셀 용액에 첨가하면 내부 친수성 부분에 끼어 들어가서 미셀의 내부 공간이 넓어지게 된다.

이와 같은 메카니즘에 의해 물에 잘 녹지 않는 "기름"이 물에 분산된 용액을 에멀젼

(emulsion)이라고 한다. 에멀젼은 콜로이드성 입자의 크기가 작아서 빛을 거의 산란시키지 않아서 용액이 투명한 상태와 콜로이드성 입자가 충분히 커서 빛을 강하게 산란시켜 혼탁하게 보이는 상태가 있다. 투명한 상태의 에멀젼을 혼탁한 상태의 것과 구분하기 위해 마이크로에멀젼(microemulsion)이라고 부르기도 한다.

에멀젼은 물이 균일상인 정상 미셀에 유기물질(기름)이 녹은 (물에 기름이 분산된) oil-in-water(o/w) 에멀젼과 기름이 균일상인 역미셀에 물이 녹은 (기름에 물이 분산된) water-in-oil(w/o) 에멀젼으로 구분된다. 에멀젼화는 물에 녹지 않은 의약품 등을 녹이거나 물과 기름 성분을 혼합시킨 여러 종류의 식품을 만드는데 많이 이용되고 있다. 버터는 w/o 에멀젼의 한 형태이고 마요네즈는 o/w 에멀젼의 한 형태이다. 또한 비누의 작용도 기름이나 그리스가 비누를 주성분인 계면활성제와 o/w 에멀젼 형성하여 물에 분산되게 하는 것이다.

계면활성제를 사용하지 않고도 물과 유기용매를 에멀젼 상태로 만들 수 있다. 이때에는 물과 유기용매에 혼합되는 2-프로판올과 같은 용매를 사용한다.

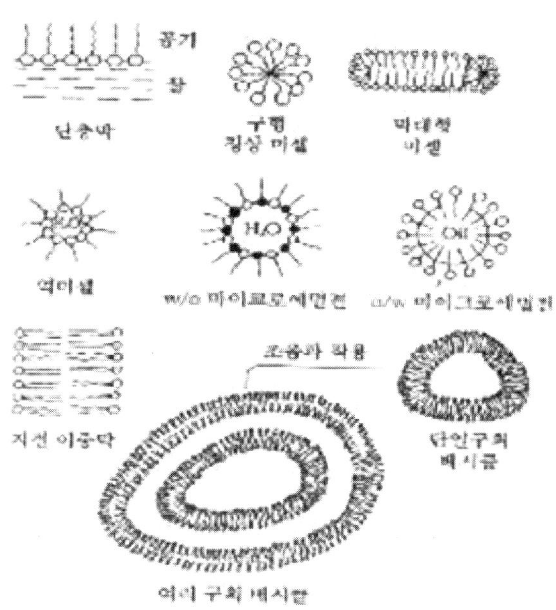

그림 21-1 계면활성제와 지질로 만들어지는 화합체의 대략적인 모양. 원르로 표현된 부분은 친수성 머리를 그리고 사슬은 소수성 꼬리를 나타낸다. 보조 계면활성제는 머리 부분을 체워진 원으로 나타내었다.

이 실험에서는 물과 톨루엔을 전형적인 양이온성 계면활성제인 CTAB(cetyltrimethylammonium bromaide, $CH_3^-(CH_2)_{15}N(CH_3)_3^+Br^-$)와 2-프로판올을 사용하여 균일하게 혼합시켜보고, 물-톨루엔-2프로판올의 '계면활성제 없는' 에멀젼 형성을 확인한다.

실험 기구 및 시약

실험기구 : 눈금실린더(10mL), 피펫 (1mL 용액,0.55또는 0.1mL 이하의 눈금이 있는 것), 피펫 (5mL), 가열기

시　　약 : 증류수, 5% CTAB 수용액, 톨루엔, 2-프로판올

실험방법

실험 A. CTAB-물-톨루엔-2-프로판올 에멀젼

(1) 10ml 실린더에 5% CTAB 수용액 3ml와 톨루엔 1ml를 넣는다. 물과 유기층이 확실하게 구분되면, 각층의 부피와 혼탁 정도를 기록한다.

(2) 실린더에 2-프로판올 0.5mL를 넣고 잘 흔들어주어 2분 정도 기다린 후 물과 유기층이 분리되면 각 층의 부피와 용액의 혼탁도를 기록한다. 만약 층이 명확하게 구분되지 않으면 3분 정도 더 기다리고 관찰사항을 기록한다.

(3) 2-프로판올 0.5mL을 더 첨가하고 다시 잘 혼합하고 관찰사항을 기록한다.

(4) 실험 결과에 지시한 것과 같이 2-프로판올을 첨가하면서 관찰사랑을 기록하고, 각 물음에 대해 대답한다.

실험 B. 계면활성제가 없는 에멀젼: 물-톨루엔-2-프로판올 에멀젼

(1) 10mL 실린더에 물 3mL와 톨루엔 1mL를 넣는다. 물과 유기층이 확실하게 구분되면, 각층의 부피와 혼탁 정도를 기록한다.

(2) 실린더에 2-프로판올을 0.5mL를 가하고 잘 흔들어주어 2분 정도 기다린 후 물과 유기층이 구분되면 각 층의 부피와 용액의 혼탁도를 기록한다. 만약 층이 명확하게

구분되지 않으면 3분 정도 더 기다리고 관찰사항을 기록한다.

(3) 2-프로판올 0.5mL을 더 첨가하고 다시 잘 혼합하고 각 층의 부피와 혼탁도를 기록한다.

(4) (3)의 과정을 전체 액체가 완전히 혼합되고 맑은 용액이 될 때까지 반복한다. 그러나, 첨가된 2-프로판올의 전체 부피를 6mL가 넘으면 실험을 중단한다.

(5) 실험 결과의 각 물음에 대해 답한다.

① 깨끗이 씻어 전조한 실험관의 무게를 0.001 g까지 정확히 측정하여 기록한다.

② 순수한 아세트산 10 ml를 실험관 넣은 다음 다시 무게를 0.001 g까지 정확히 측정한다. 아세트산의 무게를 kg으로 환산하여

③ 시험관에 마개를 하고 여기에 온도계와 젓게 장치를 그림과 같이 넣는다. 온도계의 밑 부분은 시험관 밑바닥으로부터 1 cm 정도

주의사항

(1) 두 용액층의 구분이 명확하지 않을 때는 충분한 시간을 기다린다. 그러나 5분 이상을 기다려도 두 층이 분리되지 않으면 실험을 중단한다.

(2) 5% CTAB 용액은 10g의 브롬화 세틸트라이메틸암모늄(cetyltrimethylammonium bromide)을 물에 녹여 200 mL로 만들면 된다. 이 양은 30명의 학생이 반복실험을 하는데 충분하다.

(3) 시판되는 CTAB는 아주 순수하지 않으니 이 실험을 위히어는 정제 할 필요가 없다.

21 에멀전의 합성 결과보고서

학 과 : 학 번 : 이 름 :

실험조 : 실험일 :

1. 측정결과

실험 A. CTAB–물–톨루엔–2–프로판올 에멀전

첨가된 2–프로판올 양 (전체양)	물 층		톨루엔 층	
	부피 (mL)	혼탁도	부피 (mL)	혼탁도
0.0 mL				
0.5 mL (4.5 mL)				
1.0 mL (5.0 mL)				
1.5 mL (5.5 mL)				
2.0 mL (6.0 mL)				
2.5 mL (6.5 mL)				

혼탁도는 맑음, 아주 혼탁, 약간혼탁 으로 구분 한다.
두 층이 구분되지 않는 경우에는 부피란에 "층 구분 않됨"으로 기입한다.

실험 B. 계면활성제가 없는 에밀전. 물–톨루엔–2–프로핀올 에멀전

첨가된 2–프로판올 양 (전체양)	물 층		톨루엔 층	
	부피 (mL)	혼탁도	부피 (mL)	혼탁도
0.0 mL				
0.5 mL (4.5 mL)				
1.0 mL (5.0 mL)				
1.5 mL (5.5 mL)				
2.0 mL (6.0 mL)				
2.5 mL (6.5 mL)				

용액전체가 한 개의 맑은 상이 되면 실험을 중지해도 무방함.

2. 논 의

(1) 5% CATB 수용액 2 mL와 톨루엔 1 mL 혼합액을 에멀젼을 만드는데 필요한 2-프로판올의 부피 범위를 적어라.

(2) 위 혼합액을 마이크로 에멀젼화 하는데 필요한 2-프로판올의 부피는 얼마 이상인가?

(3) 프로판올의 양에 따른 물층(층이 분리되지 않은 경우에는 용액전체)에 존재하는 콜로이드 입자의 대략적인 변화 양상을 그림으로 보여라.

(4) 2-프로판올은 물과 톨루엔 중 어느 용매에 더 잘 녹는가?

(5) 물과 톨루엔이 부피비로 3:1일 때 전체 용액이 마이크로 에멀젼이 되는 2-프로판올의 부피는 전체 부피의 몇 %이상이 되어야 하는가?

(6) 실험 A, B를 비교할 때 CTAB가 물층에 대한 톨루엔의 용해도에 어떤 영향을 미치는지 적어라.

22 지시약에 의한 pH 측정

실험목적

수용액의 pH에 따라 특유의 색깔을 나타내는 물질을 지시약이라고 한다. 지시약의 색을 비교하여 여러 용액의 pH를 결정한다.

원리

pH는 용액의 산성 또는 알칼리성의 정도를 양적으로 나타내는 수단으로 0~14의 수로 표시하며, mol/L로 나타낸 수소 이온 농도의 역수의 대수값이다.

$$pH = -\log[H_3O^+]$$

25℃의 순수한 물이나 중성용액에서 $[H_3O^+] = 1.0 \times 10^{-7}$mol/L이므로 pH는 7이 된다. 또한 25℃의 순수한 물에 0.1몰의 HCl을 녹여서 1.0L의 용액을 만들면 $[H_3O^+]$가 1.0×10^{-1} mol/L가 되이 pH는 1이 된다. 이와 같이 pH는 $[H_3O^+]$가 클수록 작아지며, 7을 중심으로 7보다 작으면 산성을 나타내고, 7보다 크면 염기성을 나타낸다.

pH는 음료수, 빗물, 하천수 등의 수질이나 토양의 성질을 조사하는데 중요한 요소의 하나이다. 일상생활에서 많이 볼 수 있는 몇 가지 물질의 pH를 그림 39-1에 나타내었다. pH를 측정하는 방법은 여러 가지가 있으나 가장 간단한 것은 지시약을 사용하는 방법이다.

지시약은 약산 또는 약염기로서 수용액 중에서 일부가 해리하여 산-염기 쌍으로 존재하며, 서로 짝을 이루는 산과 염기의 색이 다르다. 약산인 지시약 HIn에 대한 평형해리식은 다음과 같다.

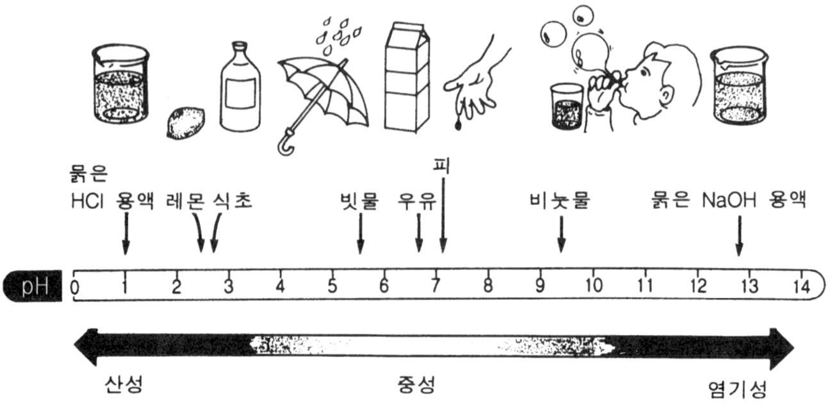

그림 22-1 여러 가지 수용액의 pH

$$\underline{HIn} + H_2O \Leftrightarrow H_3O^+ + \underline{In^-}$$

(산형 색)　　　　　　　　　(염기형 색)

$$K_{HIn} = \frac{[H_3O^+][In^-]}{[HIn]}$$

지시약의 색은 $[In^-]/[HIn]$에 의하여 결정되며 $[In^-]/[HIn] = K_{HIn}/[H_3O^+]$이므로 높은 $[H_3O^+]$에서는 산형(HIn)의 색을 나타내고 낮은 $[H_3O^+]$에서는 염기형(In^-)의 색을 나타낼 것이다. 실제로 우리가 지시약의 변색을 감지할 수 있는 $[H_3O^+]$의 일정한 범위가 있는데 이를 변색범위라고 하며 보통 pH로 나타낸다. 육안으로 식별되는 변색범위는 $[In^-]$와 [HIn]의 비가 10정도 되는 범위이며 이에 해당하는 pH 범위는

$$pH = pK_{HIn} \pm 1$$

이다. 페놀프탈레인의 경우, $pK_{HIn} = 8.9$이므로 감지할 수 있을 정도의 변색이 일어나는 pH 범위는 8~10 이다.

지시약의 색은 매우 강렬하므로 극히 소량을 첨가하여도 변색을 감지할 수 있어서 지시약에 의한 용액 자체의 pH 변화를 막을 수 있다.

pH를 측정하는 방법으로는 지시약 이외에도 pH 시험지와 pH 미터가 쓰이고 있는데, pH 시험지는 시험지에 시료를 묻힌 다음 표준변색표에 대조하여 pH를 조사하는 것이고, pH 미터에서는 유리전극을 용액에 담그어 수소이온농도를 전기적 회로를 통하여 숫자로 읽는다.

표 22-1 지시약과 변색범위

지시약	변색범위(pH) 1 2 3 4 5 6 7 8 9 10 11 12 13 14	pH값
티몰블루(TB)	적색 — 노란색 — 푸른색	1.2~2.8, 8.0~9.6
메틸오렌지(MO)	붉은색 — 등황색	3.1~4.5
메틸레드(MR)	붉은색 — 노란색	4.2~6.3
리트머스	붉은색 — 푸른색	4.5~8.3
브롬티몰블루(BTB)	노란색 — 푸른색	6.0~7.6
페놀프탈레인(PP)	무색 — 붉은색	8.3~10.0

실험기구 및 시약

실험기구 : 비커 5개, 시험관 5개, 스포이드 5개, 시험관대, 피펫, 필러

시　　약 : pH 1, 3, 7, 9, 11 인 표준용액, 미지 용액, 지시약 5종류

실험방법

1. pH함수로서의 지시약의 색 관찰

(1) 5개의 시험관을 깨끗이 닦고 물기를 제거한다.
(2) 5개의 시험관에 pH 1부터 11까지의 용액을 피펫으로 2 mL씩 담는다.
(3) 5개의 시험관에 1가지 지시약을 1~2 방울씩 떨어뜨리고 색변화를 관찰 기록한다.
(4) 위와 같은 방법으로 나머지 4가지 지시약 모두에 대한 색변화를 관찰한다.

2. 미지용액의 pH결정

(1) 5개의 시험관을 닦고 휴지로 물기를 제거한다.
(2) 5개의 시험관에 미지용액을 피펫으로 2 mL씩 담는다.

(3) 5개의 시험관에 지시약 5가지를 각각 1~2 방울씩 떨어뜨리고 색변화를 관찰한다.

(4) 실험 I의 결과와 비교하여 미지용액의 pH를 결정한다.

22 지시약에 의한 pH 측정

결과보고서

학 과 : 학 번 : 이 름 :
실험조 : 실험일 :

1. 측정결과

(1) pH에 따른 지시약의 색 변화

	지시약1	지시약2	지시약3	지시약4	지시약5
pH 1					
pH 3					
pH 5					
pH 7					
pH 9					

(2) 미지용액의 pH 결정

	지시약1	지시약2	지시약3	지시약4	지시약5
미지 용액의 색					

2. 실험결과

(1) 표준용액의 pH로부터 각 지시약의 변색범위를 예측하여 표를 만드시오.

(2) 미지용액의 pH를 결정하시오.

23 생활 속의 산-염기 분석

실험목적

생활에서 흔히 접할 수 있는 물질의 산-염기 특성을 정량적 또는 정성적으로 분석하고 그와 같은 특성을 나타내는 이유를 조사한다.

원리

잘 알려진 아스피린은 물론이고 해열진통제인 이부프로펜과 고혈압 치료제로 사용되는 캡토프릴은 산성 물질이다. 반면에 마취제로 사용되는 프로케인이나 제산제로 사용되는 암포젤 또는 말록스{$Al(OH)_3$ 또는 $Mg(OH)_2$ 포함}는 염기성 물질이다.

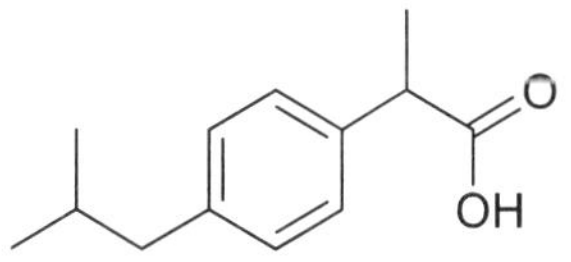

(a) 이부프로펜 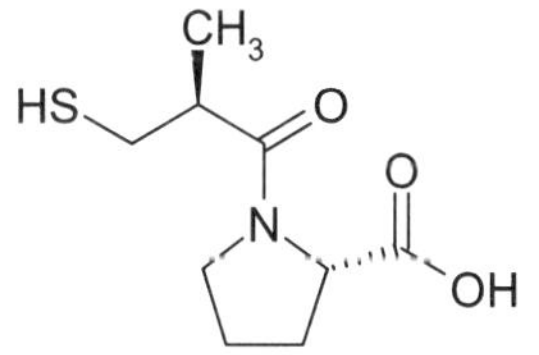 (b) 캡토프릴 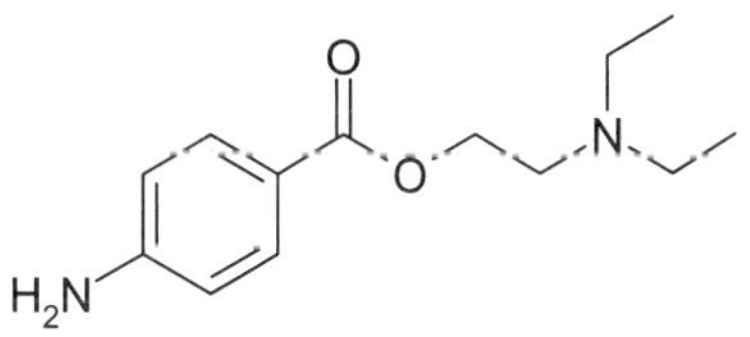 (c) 프로케인

이번 실험에서는 산화-적정 방법으로 약국에서 구입할 수 있는 아스피린 알약에 포함된 아스피린 함량을 결정하도록 한다. 수산화소듐에 의한 아스피린의 적정 반응은 다음과 같다. 적정법의 원리는 실험 24를 참고하도록 한다.

$$C_6H_4(OCOCH_3)(COOH) + NaOH \rightarrow C_6H_4(OCOCH_3)(COO^-\,Na^+) + H_2O$$

또한 pH paper나 pH strip을 이용하여 일상생활에서 흔히 접할 수 있는 세제, 음료, 의약품의 pH를 대략 측정해봄으로써 산성인지 염기성인지 파악하도록 한다. 그리고 그와 같은 산-염기 특성을 나타내는 물질에서 산 또는 염기로 작용하는 작용기를 찾아본다.

실험기구 및 시약

실험기구 : 비커, 삼각 플라스크, 뷰렛(50mL), 뷰렛집게, 스탠드, 피펫, 필러, 교반기

시　　약 : 아스피린 알약 (500mg 정도), 세제 세 종류 (식기세척용 세제, 중성세제, 일반 세탁용 세제 등), 음료 세 종류 (사이다, 스포츠 음료, 녹차 등), 의약품 세 종류 (벌레 물림 치료제, 위장약, 감기 시럽 등), pH paper 또는 pH strip, 0.1 M NaOH 표준용액

실험방법

1. 각종 용액의 산-염기 특성 분석

(1) 50mL 삼각 플라스크에 증류수 10mL을 더한다.

(2) 파스퇴르 피펫으로 약 0.1mL의 세제를 취하여 증류수에 녹인다. (세제와 위장약을 제외한 나머지 액체는 묽히지 않고 직접 측정한다.)

(3) 유리막대를 이용하여 용액을 pH paper에 묻힌다.

(4) pH paper의 color scale과 비교하여 pH를 결정한다.

2. 아스피린 함량 분석

(1) 아스피린 한 알을 막자사발에 넣고 잘게 부순 후 증류수 50mL에 녹인다.

(2) 거름종이를 이용하여 찌꺼기를 걸러내고 맑은 용액을 삼각 플라스크로 옮긴다.

(3) 페놀프탈레인 지시약을 1-2 방울 떨어뜨린다.

(4) 0.1 M NaOH 표준용액으로 적정한다.

(5) 이 과정을 3회 반복한다.

주의사항

(1) 뷰렛을 깨끗이 씻어 유리 표면에 달라붙은 물방울로 인한 부피 측정의 오차를 줄인다.

(2) 적정 초기에는 비교적 빠르게 가해도 좋으나 당량점이 가까워지면 1방울씩 천천히 색깔변화를 확인하며 가해 주어야 한다. 당량점에 도달하기 전에는 색깔이 생겨도 흔들어 주면 없어지나 당량점을 지나면 흔들어도 색깔이 없어지지 않는다.

(3) 가열 교반기가 없을 경우에는 용액이 잘 섞이도록 플라스크를 잘 흔들어 주어야 한다.

23 생활 속의 산-염기 분석

결과보고서

학 과 : 학 번 : 이 름 :

실험조 : 실험일 :

1. 각종 용액의 산-염기 특성 분석

종류	회사와 상표명	pH	기타 관찰 내용
세제			
음료수			
의약품			

2. 아스피린 함량 분석

소비된 NaOH 표준용액의 부피	1회	2회	3회
	mL	mL	mL
소비된 NaOH의 몰(mole) 수	1회	2회	3회
	mmol	mmol	mmol
아스피린 분자량	1회	2회	3회
아스피린 질량	1회	2회	3회
	mg	mg	mg
아스피린 평균 함량	mg		

3. 논의

(1) 각종 용액에서 산-염기 특성을 나타내는 물질이 무엇인지 조사하라. 그리고 그 물질들의 화학구조에서 산 또는 염기로 작용하는 부분을 제시하라.

(2) 실험에서 결정된 아스피린 함량이 포장에 제시된 양과 다르다면 그 이유를 설명하라.

24 산-염기 적정

실험목적

농도를 정확히 아는 산(또는 염기)의 표준용액을 만들어 염기(또는 산)의 시료용액과 반응시킬 때 소비된 표준용액의 부피를 측정하여 시료용액의 농도를 알 수 있는 산-염기 적정법의 원리를 이해하고, 그 실제적인 실험법을 배운다.

원리

적정법(titration)은 두 용액 내에 녹아있는 물질들이 부반응 없이 정량적으로 빠르게 반응할 수 있는 조건하에서, 농도를 알고 있는 용액(표준용액)을 또 다른 미지 용액(시료용액)에 서서히 가하여 반응이 완결되었을 때까지의 부피를 측정함으로써 미지 용액의 농도를 계산하는 방법이다. 적정의 완결은 두 번째의 용액이 같은 당량 사용되어졌을 때 이루어지며 이는 반응 혼합물의 색깔 변화, 또는 그에 가해진 지시약의 색깔 변화 등의 물리적 성질의 변화로 알 수 있다. 적정액은 분석물질과 정확하게 화학양론적으로 반응하기 때문에 화학자들에게 시료 내에 존재하는 미지의 원소나 화합물의 양을 결정할 수 있게 해 준다. 여기에서 시료 용액과 화학양론적으로 정확히 같은 양 반응한 적정액의 양을 당량점(equivalence point)이라고 한다. 그러나 당량점은 이론적인 값이고 실제로 실험에서 얻은 값은 종말점(end point)이라고 한다. 종말점과 당량점의 차이를 적정오차라 부르며, 바탕시험(blank test)으로 적정오차를 줄일 수 있다.

종말점을 결정하는 방법으로는 흔히 지시약을 사용하여 당량점 부근에서 색깔의 변화를 관찰하여 결정한다. 지시약법 외에도 전위차법, 전기전도도법 등이 있는데, 여기에서는 지시약에 의한 방법을 선택한다. 지시약은 일종의 약산 또는 약염기로서 산형과 염기형의 색깔이 서로 다르다. 따라서 용액의 pH에 따라 색깔이 다른데, 각 지시약은 색깔이 변하는 변색 pH 범위를 가지고 있어 산-염기 적정의 종류에 따라 적당한 것을 선택해야 한다.

적정액인 산 또는 염기의 표준용액의 농도는 정확하여야 하는데, 적정시약(산 또는 염기)의 순도가 99.9% 이상인 일차 표준물질일 경우에는 일정량을 달아 물에 녹여 원하는 농도의 표준용액을 만든다. 그러나 일차 표준물질이 아닐 경우에는 대강의 농도를 만든 후 일차 표준물질인 염기 혹은 산 용액으로 적정하여 정확한 적정액의 농도를 결정하는데 이를 표준화(standardization)라고 한다.

산-염기 적정에서 계산은 적정시약(T)의 몰수와 분석물질(A)의 몰수를 고려하여 수행한다. 만일 반응이

$$aA + tT \rightarrow \text{염} + \text{물} \tag{1}$$

와 같다면 T의 몰수와 A의 몰수는 다음과 같이 계산한다.

$$T\text{의 몰수} = V_T \cdot M_T \tag{2}$$

$$A\text{의 몰수} = \frac{a}{t} \cdot (T\text{의 몰수}) = \frac{a}{t} \cdot V_T \cdot M_T \tag{3}$$

여기서 M_T는 적정액의 몰농도이며, V_T는 종말점에서 측정된 적정액의 소비량(L)이다. 따라서 식 (3)으로부터 분석물질 A의 몰수를 알 수 있으며, 몰농도 혹은 무게로 환산할 수 있다. 만일 염산 표준용액으로 수산화소듐 시료용액을 적정한다면 알짜 이온 반응식은

$$OH^-(aq) + H^+(aq) \rightarrow H_2O \tag{4}$$

이므로 식 (3)에 따르면 다음과 같다.

$$M_A \cdot V_A = M_T \cdot V_T \tag{5}$$

M_T는 이미 알고 있는 염산 용액의 농도이며, V_T는 적정에서 소비된 염산 용액의 부피로 시료 용액의 부피, V_A만 알면 수산화소듐의 농도, M_A를 쉽게 계산할 수 있다.

정확한 종말점을 얻기 위해서는 적정이 진행되는 동안 용액의 화학적 혹은 물리적 변화를 조사하되, 특히 당량점 부근에서의 변화가 어떠한지를 알아야 한다. 따라서 산-염

기 적정에서는 적정액의 소비량에 따른 용액의 pH 변화를 도시한 적정곡선으로부터 종말점 결정을 모색한다. 센산을 센염기로 적정할 경우의 적정곡선(a)와 약산을 센염기로 적정할 때의 적정곡선(b)는 그림 24-1에서 보는 바와 같이 다르다. 당량점은 곡선에서 기울기가 최대인 변곡점이며, 이 점에 해당되는 적정액의 소비량이 V_T가 된다.

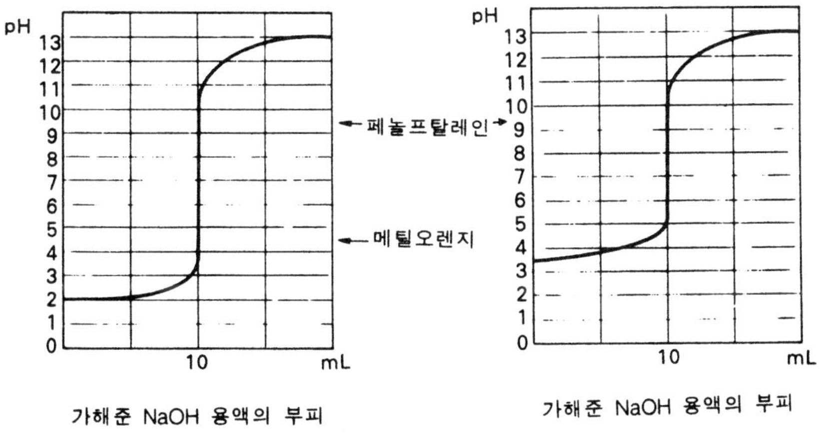

그림 24-1 산 -염기 적정곡선

센산-센염기 적정에서 당량점에서의 pH는 항상 7.00이나 약산-센염기 적정에서는 다음과 같이 염(예 : NaA)이 가수분해하므로 당량점에서의 pH는 7보다 크게 된다.

$$\underset{\text{(약산의 짝염기)}}{\underline{A^-}} + H_2O \rightarrow HA + OH^-$$

반대로 약염기-센산 적정에서는 다음과 같이 염(예 : BCl)이 가수분해하므로 당량점에서의 pH가 7보다 작게 된다.

$$\underset{\text{(약염기의 짝산)}}{\underline{B^+}} + H_2O \rightarrow BOH + H^+$$

따라서 종말점을 결정하기 위해서는 당량점 부근에서 색깔이 변하는 지시약을 선택하여야 한다.

실험기구 및 시약

실험기구 : 비커, 삼각 플라스크, 뷰렛(50mL), 뷰렛집게, 스탠드, 피펫(10mL), 필러, 가열판

시　　약 : 0.1M Na_2CO_3 표준용액, 0.1M HCl, 미지농도의 NaOH 용액, 증류수, 페놀프탈레인, 메틸오렌지

실험방법

1. 0.1M HCl 용액의 표준화

(1) 뷰렛을 깨끗이 씻은 다음 증류수로 다시 씻는다.

(2) 0.1M HCl 용액 10mL로 세 번쯤 씻어 낸다.

(3) 뷰렛에 HCl 용액을 끝 눈금을 약간 넘어설 정도로 채운다.

(4) 뷰렛의 콕크를 잠깐동안 열어서 콕크 아랫 부분에 남아있는 공기를 밀어낸 후 콕크를 잠근다.

(5) 잠시 기다려서 메니스커스의 위치가 이동하지 않고 고정되었을 때의 뷰렛의 눈금을 읽고 기록한다.

(6) 0.1M Na_2CO_3 용액 10mL를 피펫으로 취한 후 삼각 플라스크에 옮긴 다음 페놀프탈레인 2~3 방울을 가한다(그림 24-2).

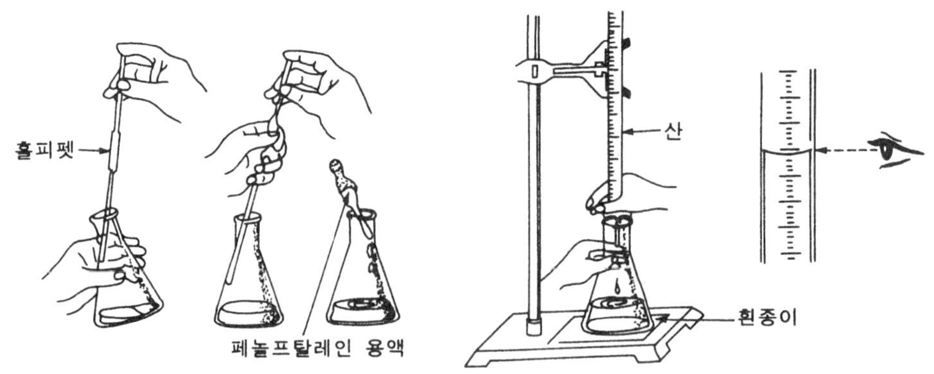

그림 24-2 산-염기 적정 방법 및 장치

(7) 이 일차 표준용액을 0.1M HCl 용액으로 적정 한다.

(8) 종말점이 가까워지면 1 방울씩 천천히 넣어 주어야 하며 붉은 색이 무색이 되었을 때가 1차 종말점이다.

$$CO_3^{2-} + H^+ \rightarrow HCO_3^-$$

(9) 이 용액에 메틸오렌지 2~3 방울을 가하고 주황색이 될 때까지 적정한다.

(10) 이 용액을 조심스럽게 2~3 분간 끓여서 CO_2를 제거한다.
이 때 용액은 노란 색이 된다.

(11) 찬물로 냉각시킨다.

(12) HCl 용액으로 주황색이 될 때까지 적정한다.
이 때가 2차 종말점이다.

$$HCO_3^- + H^+ \rightarrow H_2O + CO_2$$

(13) 이상의 실험을 2회 반복하여 평균값을 구한다.

2. NaOH 용액의 농도 결정

(1) 농도를 모르는 NaOH 용액 10mL를 피펫으로 정확히 취한 후 삼각 플라스크에 옮겨 넣는다.

(2) 이 용액에 페놀프탈레인 지시약을 2~3방울 가한다.
이 때 용액의 색깔은 분홍빛을 띤다.

(3) 뷰렛에 표준화된 0.1M HCl 용액을 넣은 후 실험 1에서와 같은 방법으로 뷰렛의 눈금을 맞춘다.

(4) 삼각 플라스크에 있는 NaOH 용액을 잘 흔들어 주면서 뷰렛에 있는 HCl용액을 가하기 시작한다.

(5) 연한 핑크색이 없어지면 적정을 중지한다.

(6) 2회 이상 반복하여 구한 평균값으로 NaOH 용액의 농도를 결정한다.

$$HCl + NaOH \rightarrow NaCl + H_2O$$

주의사항

(1) 뷰렛을 깨끗이 씻어 유리 표면에 달라 붙은 물방울로 인한 부피 측정의 오차를 줄인다.

(2) 염산 용액은 일차 표준물질인 탄산소듐으로 표준화한다.

(3) 적정 초기에는 비교적 빠르게 가해도 좋으나 당량점이 가까워지면 1방울씩 천천히 색깔변화를 확인하며 가해 주어야 한다. 당량점에 도달하기 전에는 색깔이 생겨도 흔들어 주면 없어지나 당량점을 지나면 흔들어도 색깔이 없어지지 않는다.

(4) 만일 당량점이 지났을 경우에는 1mL의 NaOH를 삼각 플라스크에 첨가하고 다시 적정을 계속해서 새로운 당량점을 구하면 된다.

(5) 가열 교반기가 없을 경우에는 용액이 잘 섞이도록 플라스크를 잘 흔들어 주어야 한다.

24 산-염기 적정 결과보고서

학 과 : 학 번 : 이 름 :

실험조 : 실험일 :

1. 측정결과

(1) 0.1M HCl 용액의 표준화

소비된 HCl 용액의 부피

1회	____________	mL
2회	____________	mL
3회	____________	mL
평균	____________	mL

(2) NaOH 용액의 농도 결정

소비된 HCl 용액의 부피

1회	____________	mL
2회	____________	mL
3회	____________	mL
평균	____________	mL

2. 실험결과

(1) 0.1M HCl 용액의 표준화

표준화를 위해 취한 탄산소듐 용액의 부피	____________	mL
소비된 염산용액의 평균 부피	____________	mL
표준화된 염산용액의 평균 농도	____________	M

(2) NaOH 용액의 농도 결정

취한 NaOH 용액의 부피 ____________ mL

소비된 0.1M HCl 표준용액의 평균 부피 ____________ mL

NaOH 용액의 평균 농도 ____________ M

3. 논의

(1) 0.1M HCl 표준용액으로 탄산소듐을 적정할 때의 적정곡선과 수산화소듐 용액을 적정할 때의 적정곡선을 비교하고 어떠한 차이점이 있는지를 밝히시오.

25 용액의 총괄성질 - 어는점 내림

실험목적

용질에 의하여 용액의 어는점이 내려가는 현상을 적용하여 미지 시료의 분자량을 결정하고, 이를 통하여 총괄성질에 대한 이해를 높인다.

원리

용매와 용질이 혼합되어있는 용액의 어는점(온도)은 용액 내 존재하는 용질 때문에 순수한 용매의 어는점보다 낮아진다. 순수한 용매의 어는점(T_f^0)과 혼합 용액의 어는점(T_f) 사이의 차이를 어는점-내림값($\triangle T_f$)이라고 하면($\triangle T_f = T_f^0 - T_f$), 용질의 분자량(M)과 용액의 어는점-내림값($\triangle T_f$) 사이에는 다음 관계가 성립한다. (용액의 농도가 너무 크지 않아서 이상 용액과 유사하다고 가정한다).

어는점 내림 수식 : $\triangle T_f = I \times k_f \times m$

I = van't Hoff 계수, 비전해질 용질의 경우에는 I = 1

k_f = 용매의 어는점 내림상수, 아세트산의 경우 k_f = 3.9

m = 몰랄농도 = (용질의 몰수)/(용매의 질량 W_1/1000 kg),

용질의 몰수 = (용질의 질량 W_2)/(용질의 분자량)

이 관계를 정리하면 다음과 같다.

$\triangle T_f = I \times k_f \times m = I \times k_f \times$ (용질의 질량)/(용매의 질량×용질의 분자량)

따라서 용질의 분자량(g) = [I×k_f×용질 질량(w_2 g)]/[$\triangle T_f$×용매 질량(w_1/1000 kg)]

따라서 용매의 질량을 g 단위로 사용한다면 다음 식으로 변환된다.

$$M = I \times 1000 \times k_f \times \frac{(w_2 / w_1)}{\Delta T_f} \quad (\text{분자량과 } w_1\text{과 } w_2\text{의 단위는 } gram)$$

여기서 k_f는 용매의 어는점 내림 상수이고, w_1은 용매의 질량, w_2는 용질의 질량이다. 따라서 용액의 어는점-내림을 측정하면 용질의 분자량을 알아낼 수 있다.

표 25-1. 여러 가지 용매의 정상어는점과 몰랄 어는점내림상수(k_f)

용매	어는점(℃)	k_f	용매	어는점(℃)	k_f
아닐린	-6	5.87	아세트산	16.7	3.9
물	0	1.86	페놀	42	7.27
벤젠	5.5	5.12	나프탈렌	80.2	6.9
니트로벤젠	5.7	6.9	벤조산	122	7.85
사이클로헥산	6.5	20.0	안트라센	217	11.6
황산	10.5	6.81	안트라퀴논	285	14.8

실험기구 및 시약

실험기구 : 시험관(지름 20~25 mm, 길이 150~200 mm), 250 ml 비커, 온도계, 클램프, 유리 막대, 노트북, 온도키트, 얼음

시 약 : 아세트산, 살리실산

실험방법

1. 아세트산의 어는점 결정

(1) 깨끗이 씻어 전조한 실험관의 무게를 0.001 g까지 정확히 측정하여 기록한다.

(2) 순수한 아세트산 5 ml를 실험관 넣은 다음 다시 무게를 0.001 g까지 정확히 측정한

다. 아세트산의 무게를 kg으로 환산하여 가록한다. (주의: 실내의 온도가 17 ℃ 보다 낮은 경우에는 아세트산 시약병을 20 ℃ 정도에 보관하여 아세트산이 액체 상태가 되도록 하여야 한다.)

	건조한 시험관의 무게 (g)	아세트산을 채운 시험관의 무게 (g)	아세트산의 무게 (g)
실험-1			
실험-2			
실험-3			

(3) 시험관에 온도 키트를 넣어 온도를 기록한다. 온도 키트의 밑 부분은 시험관 밑바닥으로부터 1 cm 정도 떨어지게 장치해야 한다.

(4) 250 ml의 비커에 물과 얼음의 혼합물을 150 ml 정도 채우고, 유리막대로 저으면서 온도가 5 ℃ 이하가 되도록 만든다.

(5) 비커 안에 시험관을 넣고 측정을 시작한다, 시험관의 밑 부분은 비이커 밑바닥으로부터 1 cm 정도 떨어지도록 한다.

(6) 시간을 측정하면서 매 5초마다 기록한다. 1분마다 한 번씩 시험관 안의 유리막대를 저어준다. 또한 비커 안의 얼음물도 가끔 저어주면서 비커 안 얼음물의 온도가 5 ℃ 이하가 되도록 유지한다.

(7) 온도가 30초 이상 유지되면 실험을 중단한다.

(8) 그림-2와 같은 냉각곡선을 그리고, 아세트산의 어는점을 결정한다.

(9) 실험 (1)부터 (8)까지를 두 번 더 반복하여 어는점을 결정하고, 어는점의 평균값을 계산.

시간(초)	0.5	1.0	1.5	2.0	2.5	3.0	3.5	4.0	4.5	5.0	5.5	6.0
실험-1												
실험-2												
실험-3												

2. 용질에 의한 아세트산의 어는점 내림 측정

(1) 깨끗이 씻어 전조한 실험관의 무게를 0.001 g까지 정확히 측정하여 기록한다.

(2) 순수한 아세트산 5 ml를 실험관 넣은 다음 다시 무게를 0.001 g까지 정확히 측정하여 기록한다.

(3) 순수한 살리실산 0.3 g 정도의 무게를 0.001 g 까지 정확하게 측정하여 기록한 후, 살리실산을 아세드산에 넣어 완전히 용해시킨나.

	건조한 시험관의 무게(g)	아세트산을 채운 시험관의 무게(g)	아세트산의 무게(g)	살리실산의 무게(g)
실험-1				
실험-2				
실험-3				

(4) 시험관에 온도 키트를 넣어 온도를 기록한다. 온도 키트의 밑 부분은 시험관 밑바닥으로부터 1 cm 정도 떨어지게 장치해야 한다.

(5) 250 ml의 비커에 물과 얼음의 혼합물을 150 ml 정도 채우고, 유리막대로 저으면서 온도가 5 ℃ 이하가 되도록 만든다.

(6) 비커 안에 시험관을 넣고 측정을 시작한다, 시험관의 밑 부분은 비이커 밑바닥으로부터 1 cm 정도 떨어지도록 한다.

(7) 시간을 측정하면서 매 5초마다 기록한다. 1분마다 한 번씩 시험관 안의 유리막대를 저어준다. 또한 비커 안의 얼음물도 가끔 저어주면서 비커 안 얼음물의 온도가 5 ℃ 이하가 되도록 유지한다.

(8) 온도가 30초 이상 유지되면 실험을 중단한다.

(9) 그림-2와 같은 냉각곡선을 그리고, 아세트산의 어는점을 결정한다.

(10) 실험 (1)부터 (9)까지를 두 번 더 반복하여 어는점을 결정하고, 어는점의 평균값을 계산.

시간(초)	0.5	1.0	1.5	2.0	2.5	3.0	3.5	4.0	4.5	5.0	5.5	6.0	6.5
실험-1													
실험-2													
실험-3													

(11) 순수한 아세트산의 어는점과 비교하여 어는점 내림 값을 계산한 후, 용질(살리실산)의 분자량을 계산한다.

어는점 내림 값 = 순수한 용매의 어는점 - 용액의 어는점 ($\triangle T_f = T_f^0 - T_f$)

어는점 내림 수식: $\triangle T_f = I \times K_f \times m$, 살리실산의 경우 I=1,

K_f = 용매의 어는점 내람성수, 아세트산의 경우 K_f =3.9

m=몰랄농도 = (용질의 몰수)/(용매의 질량 W_1/1000 kg),

용질의 몰수 = (용질의 질량 W_2)/(용질의 분자량)

이 관계를 정리하면 다음과 같다.

$\triangle T_f = I \times K_f \times m = I \times K_f \times$(용질의 질량)/(용매의 질량×용질의 분자량)

따라서 용질의 분자량(g)

$$M = I \times 1000 \times K_f \times \frac{(w_2 / w_1)}{\triangle T_f}$$ (분자량과 w_1과 w_2의 단위는 $gram$)

이 실험의 경우, 살리실산의 분사량(화학식량) $M = 1 \times 1000 \times 3.9 \times \frac{(w_2 / w_1)}{\triangle T_f}$

(12) 실험 (1)부터 (9)까지를 두 번 더 반복하여 용질(살리실산) 화학식량의 평균값 계산.

	실험-1	실험-2	실험-3	평균값
ΔT_f				
용질의 질량(w_2)				
용매의 질량(w_1)				
용질(살리실산)의 화학식량(M)				

(13) 참고 자료: 순수한 용매와 혼합 용액의 온도 변화 곡선. ⇒

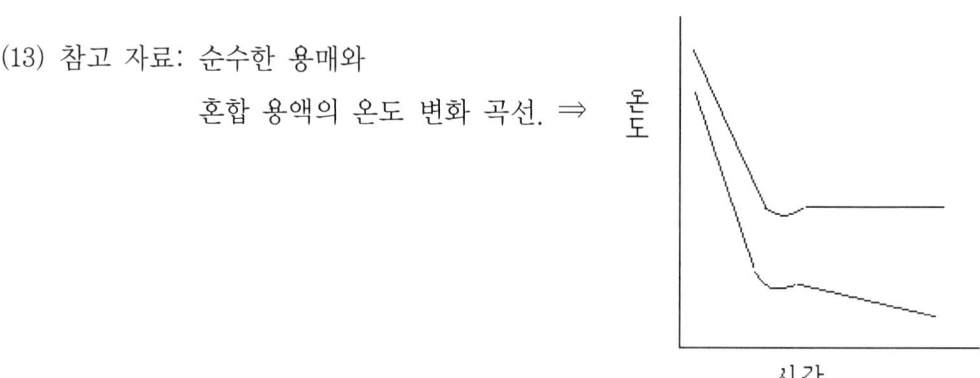

25 어는점 내림에 의한 분자량 측정

결과보고서

학 과 : 학 번 : 이 름 :

실험조 : 실험일 :

(1) 순수한 용매(아세트산)의 질량 측정 결과

	건조한 시험관의 무게 (g)	아세트산을 채운 시험관의 무게 (g)	아세트산의 무게 (g)
실험-1			
실험-2			
실험-3			

(2) 순수한 용매(아세트산)의 냉각 실험 결과

시간(초)	0.5	1.0	1.5	2.0	2.5	3.0	3.5	4.0	4.5	5.0	5.5	6.0
실험-1												
실험-2												
실험-3												

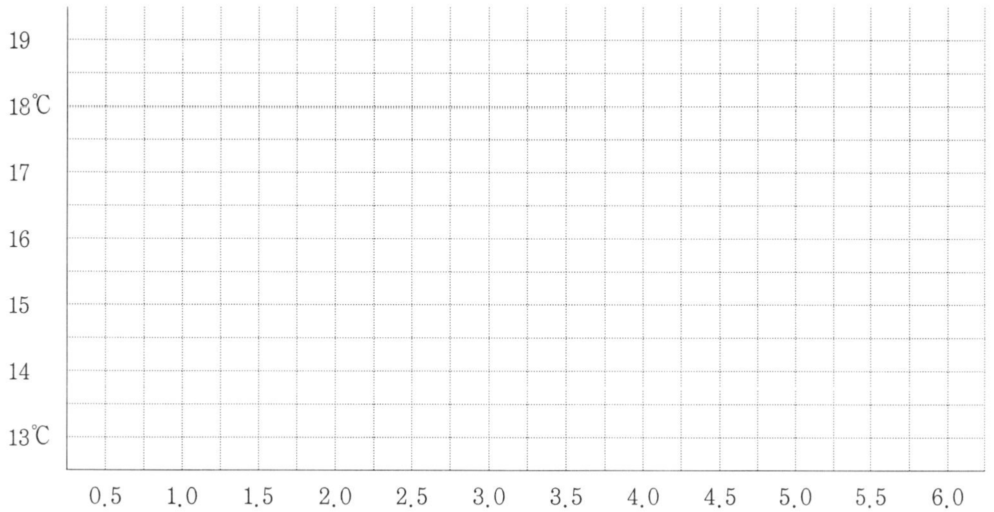

순수한 용매(아세트산)의 어는 점 : ______________________

(3) 혼합 용액(아세트산+살리실산)의 질량 측정 결과

	건조한 시험관의 무게(g)	아세트산을 채운 시험관의 무게(g)	아세트산의 무게(g)	살리실산의 무게(g)
실험-1				
실험-2				
실험-3				

시간(초)	0.5	1.0	1.5	2.0	2.5	3.0	3.5	4.0	4.5	5.0	5.5	6.0
실험-1												
실험-2												
실험-3												

(4) 혼합 용액(아세트산+살리실산)의 냉각실험 결과

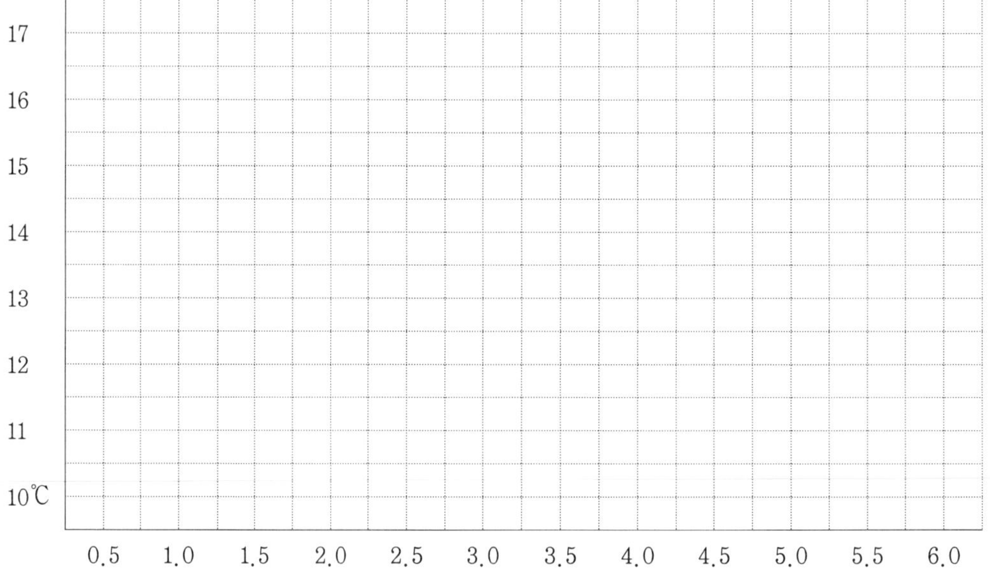

(5) 혼합 용액의 어는점과 분자량 결정 결과

	실험-1	실험-2	실험-3	평균값
ΔT_f				
용질의 질량(w_2)				
용매의 질량(w_1)				
용질(살리실산)의 화학식량(M)				

26 양이온의 정성분석

실험목적

용액 속에 녹아있는 여러 가지 양이온을 체계적인 분석을 통하여 그 존재를 확인하고, 이들의 침전 반응과 평형을 이해한다.

원리

용액에 녹아있는 화합물의 종류와 농도를 알아내는 일은 화학 분석에서 매우 중요하다. 화학 분석을 위해서는 화합물의 고유한 특성을 효과적으로 활용해야 한다. 간단한 경우에는 색깔이나 냄새를 통해서 용액에 녹아있는 화합물의 종류를 짐작할 수 있는 경우도 있기는 하지만, 대부분의 경우에는 화합물의 물리적, 화학적 특성을 적극적으로 활용해야만 한다. 이 실험에서는 화학적 특성을 이용해서 용액 속에 녹아있는 양이온의 종류를 알아낸다.

지금까지 알려진 금속 원소는 80여 종에 이르지만 일반적으로 화학 반응에 많이 이용되는 금속 양이온은 약 25종 정도이다. 수용액 중에 녹아있는 금속 양이온은 여러 가지 음이온과 반응하여 만들어지는 화합물의 용해도를 이용해서 분석할 수 있다.

이 실험에서는 Ag^{+}, Hg_2^{2+}, Pb^{2+} 등 세 가지 양이온이 혼합된 용액에서 각각의 양이온을 분리하여 확인하도록 한다. 이 다섯 가지 이온 가운데 Ag^{+}, Hg_2^{2+}, Pb^{2+}는 Cl^{-} 이온과 반응하여 염화물 침전을 만들지만 나머지 이온은 용액 상태에 남아있기 때문에 먼저 Cl^{-} 이온을 넣어 침전과 용액의 두 이온 그룹으로 나눈 후에 각 그룹에 있는 이온들의 존재를 분석한다. 침전과 용액을 분리할 때는 원심분리기를 이용하도록 한다.

먼저 Cl^{-} 이온에 의해 형성된 염화물 침전 가운데 $PbCl_2$는 뜨거운 물에 잘 녹는다.

뜨거운 물에 녹은 Pb^{2+}는 CrO_4^{2-}와 반응시키면 노란색의 침전인 $PbCrO_4$가 만들어지는 것으로 확인할 수 있다. 남은 두 가지 이온 가운데 암모니아(NH_3)를 넣어주면 AgCl은 $Ag(NH_3)_2^{2+}$의 착이온을 형성하여 물에 녹게 되고, Hg_2Cl_2는 $HgNH_2Cl$과 Hg이 혼합된 회색 고체로 남는다. 따라서 암모니아를 넣었을 때 회색 고체가 생기는 것을 통해 Hg_2^{2+} 이온의 존재를 확인할 수 있다. $Ag(NH_3)^{2+}$는 Cl^- 이온과 반응하여 다시 AgCl의 흰색 침전을 만들기 때문에 이 반응으로 Ag^+이온을 확인할 수 있다.

이상의 분석에 관련된 화학 반응을 정리하면 다음과 같다.

(1) Cl^- 이온에 의해 침전이 형성되는 반응

$Pb^{2+}(aq) + 2Cl^-(aq) \rightarrow PbCl_2(s)$ 흰색침전

$Ag^+(aq) + Cl^-(aq) \rightarrow AgCl(s)$ 흰색침전

$Hg_2^{2+}(aq) + 2Cl^-(aq) \rightarrow Hg_2Cl_2(s)$ 흰색침전

HCl을 과량으로 넣어줄 경우에는 아래와 같은 반응에 의해서 침전이 다시 녹게 된다.

$PbCl_2(s) + 2Cl^-(aq) \rightarrow PbCl_4^{2-}(aq)$

$AgCl(s) + Cl^-(aq) \rightarrow AgCl_2^-(aq)$

(2) Pb^{2+} 확인 반응

$PbCl_2(s) \xrightarrow[\text{뜨거운 물}]{} Pb^{2+}(aq) + 2Cl^-(aq)$

$Pb^{2+}(aq) + CrO_4^{2-}(aq) \rightarrow PbCrO_4(s)$ 노란색침전

(3) Ag^+ 확인 반응

$AgCl(s) + 2NH_3(aq) \rightarrow Ag(NH_3)_2^+(aq) + Cl^-(aq)$

$Ag(NH_3)_2^{2+}(aq) + 2H^+(aq) + Cl^-(aq) \rightarrow AgCl(s) + 2NH_4^+(aq)$

흰색침전

(4) Hg 이온 확인 반응

$Hg_2Cl_2(s) + NH_3(aq) \rightarrow HgNH_2Cl(s) + Hg(l) + NH_4^+(aq) + Cl^-(aq)$

흰색침전 검은색

실험기구 및 시약

원심분리기	0.1M $Hg_2(NO_3)_2$
원심분리 시험관(3개)	0.1M $Pb(NO_3)_2$
유리 막대	0.1M $AgNO_3$
파스퇴르피펫	6M HCl
리트머스 시험지	6M HCl
물중탕	1M K_2CrO_4
핫플레이트	6M HNO_3
비커	6M NaOH
	6M NH_3

실험방법

(1) Ag^+, Hg_2^{2+}, Pb^{2+}의 질산염 용액(각각 0.1M 정도) 1mL씩을 취하여 시험관에 넣어 혼합용액을 만든다.

(2) 이 혼합 용액 2mL를 원심분리관에 넣고 6M HCl 4방울을 가하여 잘 저어준 다음 원심분리기로 침전을 분리한다. 이때 같은 양의 물을 넣은 시험관을 반대쪽에 넣어서 원심분리기의 균형을 잡아주어야 한다. 침전이 완결되었는가를 확인하기 위하여 침전 윗부분의 용액에 6M HCl 한 방울을 가하고 침전이 더 생기면 원심분리기로 다시 분리한다. 윗부분의 맑은 용액을 파스퇴르 피펫으로 뽑아내면 침전을 분리할 수 있다. 분리한 용액은 폐수통에 버린다.

(3) 침전이 들어있는 원심분리관에 차가운 증류수 2~3 mL를 가한 후에 유리 막대로 침전을 부수고 잘 저어서 원심분리기로 가라앉힌 후에 물은 파스퇴르 피펫을 이용해서 뽑아내는 일을 2~3회 반복한다.

(4) 침전이 들어있는 시험관에 증류수 2 mL를 넣고 끓는 물에 몇 분 동안 넣어 가열한 후 유리 막대로 잘 저어준다. 원심분리기를 이용해서 윗부분의 뜨거운 용액을 다른 시험관에 따라 낸다.

(5) 단계 4에서 시험관에 따라낸 용액에 6M NaOH 한 방울을 가하고 1M K_2CrO_4 용액을

2~3 방울 떨어뜨린다. Pb^{2+} 이온이 있으면 $PbCrO_4$의 노란색 침전이 생긴다.

(6) 단계 4에서 남은 침전물에 다시 뜨거운 물을 한 번 더 가하고 원심분리로 씻어준 후 6M NH_3 용액 2mL를 가하고 잘 저어준다. 이 때 회색 또는 검은 색 침전이 생기면 금속 수은이 생긴 것이므로 Hg_2^{2+}이온이 있는 것이다. 이 침전물을 원심분리하고 맑은 수용액을 다른 시험관에 따라 단계 7을 수행한다.

(7) 이 수용액에 6M HNO_3를 산성이 될 때까지 가하여 리트머스 종이로 확인한다. 이때 흰색 침전이 생기면 Ag^+ 이온이 있다는 증거이다.

주의 및 참고 사항

(1) 원심분리관에는 표지를 확실하게 붙여서 혼동이 일어나지 않도록 한다.

(2) 원심분리기의 사용법에 대하여 충분한 설명을 듣고 실험한다.

(3) $AgNO_3$는 빛에 의해 환원되므로 갈색 지시약병에 보관한다.

(4) $AgNO_3$의 은이온은 피부에 묻으면 피부가 검게 변하므로 주의해야 한다.

(5) Pb와 Hg 염은 유독하고 크롬산 이온은 발암성 물질로 알려져 있으므로 폐수통에 회수해야 한다.

(6) 시료 용액을 반응 시약과 혼합하는 과정에서 시험관 입구를 손가락으로 막고 흔들지 말아야 한다.

(7) NaOH, HCl, HNO_3 용액 및 진한 암모니아 용액이 피부나 묻지 않도록 주의해야 한다.

실험 결과의 처리

(1) 다섯 가지 이온을 혼합한 용액의 정성 분석 실험에서 관찰한 것을 단계별로 나누어 기록한다.

(2) 미지 시료를 사용하여 같은 실험을 하고 관찰 사항을 기술하고, 미지 시료에 어떤 이온이 있거나 없다고 판단한 근거를 명백하게 설명한다.

26 양이온의 정성분석 결과보고서

학 과 : 학 번 : 이 름 :

실험조 : 실험일 :

1. 혼합 용액과 미지 시료의 실험에서 관찰한 내용을 정확하게 기록한다.

	혼합 용액	미지 시료
(1) 6M HCl을 넣었을 때		
(2) 6M NaOH와 1M K_2CrO_4 용액을 넣었을 때		
(3) 6M NH_3 용액을 넣었을 때		
(4) 6M HNO_3를 넣었을 때		

2. 논의

(1) Hg_2Cl_2에 암모니아수를 가하면 회색 침전이 생긴다고 하였다. 이 반응은 산화 반응인가 환원 반응인가? 아니면 어떤 다른 반응이 일어나는지를 생각해 보자.

27 분광광도계를 이용한 평형상수의 결정

실험목적

화학반응이 평형상태에 도달했을 때 각 화학종의 농도를 측정하여 반응의 평형상수를 결정할 수 있다. 이 실험에서는 먼저 분광광도계를 이용하여 착이온의 농도에 따른 흡광도의 표준곡선을 만들어본다. 그리고 평형상태에서 흡광도를 측정하고 표준곡선을 이용하여 평형농도를 계산함으로써 평형상수를 결정하도록 한다.

원리

가역반응에서는 화학반응이 진행됨에 따라 반응물질은 점점 줄어드나 생성물질은 점점 많아지기 때문에 정반응의 속도는 점점 느려지고 역반응의 속도는 점점 빨라진다. 이렇게 반응이 진행되다가 정반응과 역반응의 속도가 같아지면 겉보기에 반응이 멈춘 것처럼 보이는 상태에 이르게 되는데 이러한 상태를 화학평형상태라고 한다. 이 때에는 더 이상 반응물질과 생성물질의 농도가 변하지 않고 일정하게 유지된다.

일반적으로 다음과 같은 화학반응에서 평형상수는 다음과 같이 정의된다.

$$aA(aq) + bB(aq) \rightleftharpoons cC(aq) + dD(aq)$$

$$K = \frac{[C]^c[D]^d}{[A]^a[B]^b}$$

여기에서 A, B, C, D는 반응물 및 생성물의 화학종을 나타내며 [ ]는 평형상태의 몰농도이고 a, b, c, d는 반응식의 계수이다.

질산철(Ⅲ) 용액과 티오시안산칼륨 용액을 섞으면 다음 반응에 따라서 붉은 색을 띤 착이온인 $FeSCN^{2+}$이 생긴다.

$$Fe^{3+}(aq) + SCN^{-}(aq) = FeSCN^{2+}(aq)$$

착이온의 농도(x)를 측정하면 아래와 같이 이 반응의 평형상수를 계산할 수 있다.

$$K = \frac{[FeSCN^{2+}]}{[Fe^{3+}][SCN^{-}]} = \frac{x}{(a-x)(b-x)}$$

여기서 a와 b는 각각 Fe^{3+} 및 SCN^{-}의 처음 농도이다. 생성된 착이온의 농도는 착이온의 표준곡선을 이용하여 구할 수 있다. 표준곡선은 농도를 알고 있는 표준용액 $FeSCN^{2+}(aq)$의 흡광도를 분광광도계로 측정함으로써 만들 수 있다.

Beer-Lambert 법칙에 의하면

$$A = \varepsilon bc$$

여기에서 A는 흡광도(absorbance), ε는 흡광계수(extinction coefficient), b는 빛이 통과하는 거리 (cm), c는 용액의 농도이다. ε는 투과하는 빛의 파장이 변하면 그 값이 달라지며, b가 cm 단위로 c가 M(mol/L)로 표시되었을 때 몰 흡광계수(molar absorptivity)라고 부른다. 일정한 파장의 빛을 사용하고 빛이 통과하는 거리가 일정하면 흡광도는 시료의 농도에 비례한다는 사실을 이용하여 흡광도로부터 농도를 계산할 수 있다.

실험기구 및 시약

실험기구 : 분광광도계(UV spectronic 20), 100×13mm 시험관(조당 10개), 100×20mm 시험관(조당 6개), 스포이트, 스포이트 고무, 피펫

시　　약 : 0.002M KSCN 용액, 0.0004M KSCN 용액, 0.2M $Fe(NO_3)_3$ 용액, 0.04M $Fe(NO_3)_3$ 용액

실험방법

1. 표준곡선 만들기

(1) 다섯 개의 100×13 mm 관과 한 개의 100×20 mm 험관을 준비한다.

(2) 0.002M KSCN용액 5.0 ml 0.2M $Fe(NO_3)_3$용액 5.0 ml을 섞은 혼합용액을 만든다. 이 혼합용액에서 $FeSCN^{2+}$의 농도는 KSCN의 농도에 의해 결정된다.

(3) 아래의 표에 제시된 대로 증류수와 혼합용액을 섞어 다섯 가지 농도의 표준용액을 만든다.

표 27-1

번 호	증류수 부피 (mℓ)	혼합용액 부피 (mℓ)	$FeSCN^{2+}$의 농도(M)
1	7	3	0.0003
2	8	2	0.0002
3	8.5	1.5	0.00015
4	9	1	0.0001
5	9.5	0.5	0.00005

(4) 다섯 시험관에 들어있는 용액의 흡광도를 450nm에서 측정하여 표준 곡선을 그린다. 표준곡선에서 x 축은 $FeSCN^{2+}$의 농도이고 y 축은 흡광도가 된다.

2. 평형상수 결정하기

(1) 여섯 개의 100×20 mm 시험관과 여섯 개의 100×13 mm 시험관을 준비한다.

(2) 첫 번째 시험관에 0.04M $Fe(NO_3)_3$ 용액 2.0 ml을 넣고 증류수 3.0 ml을 더하여 섞는다. 이 용액은 2/5로 묽어져 $Fe(NO_3)_3$의 농도는 0.016M이 된다.

(3) 두 번째 시험관에 2에서 얻어진 0.016M $Fe(NO_3)_3$ 용액 2.0 ml을 넣고 증류수 3.0 ml을 더하여 섞는다. 이제 $Fe(NO_3)_3$의 농도는 0.0064M이 된다.

(4) 이와 같은 방법으로 진행하여 0.0026M, 0.0010M, 0.00041M $Fe(NO_3)_3$ 용액을 만든다.

(5) 비어있는 다섯 개의 100×13 mm 시험관에 0.0004M KSCN 용액을 2.0 ml씩 넣는다.

(6) 여기에 위에서 만든 서로 다른 농도의 $Fe(NO_3)_3$ 용액을 각각 2.0 ml씩 넣고 잘 섞어준다.

(7) 다섯 시험관에 들어있는 용액의 흡광도를 450nm에서 측정하여 표준 곡선으로부터 농도를 계산한다.

27 분광광도계를 이용한 평형상수 결정 결과보고서

학 과 : 학 번 : 이 름 :

실험조 : 실험일 :

1. 측정결과

(1) 표준 곡선

다음 표를 채우고 표준곡선은 모눈종이에 그리거나 Excel이나 Origin과 같은 그래프 작성 프로그램을 이용하여 그리도록 한다.

번 호	$FeSCN^{2+}$의 농도(M)	흡광도
1	0.0003	
2	0.0002	
3	0.00015	
4	0.0001	
5	0.00005	

(2) 평형 농도 및 평형상수 계산

시험관 번호	$FeSCN^{2+}$의 평형농도 (x)	처음 넣어준 Fe^{3+} 농도 (a)	처음 넣어준 SCN^{-} 농도 (b)	평형상수 (K)
1				
2				
3				
4				
5				
6				

2. 토론

(1) 평형상수에 영향을 주는 요인으로는 어떠한 것이 있는가?

(2) 표준곡선 만들기 실험에서 혼합용액의 $FeSCN^{2+}$의 농도가 KSCN의 농도에 의해 결정되는 이유는 무엇인가?

28 화학반응속도와 농도

실험목적

이 실험에서는 $Na_2S_2O_3$를 염산용액으로 환원시키는 화학반응의 속도를 측정하므로써 농도가 반응속도에 주는 영향을 알아본다. 또한 $Na_2S_2O_3$의 농도변화에 따른 반응속도를 측정하여 반응속도상수와 반응차수를 결정한다.

원리

화학반응속도는 화학반응에 관여하는 속도를 연구하는 것이다. 화학반응속도는 반응물이나 생성물의 단위 시간당 농도 변화로 정의되며, 생성물 중의 하나가 생성되는 속도 또는 반응물 중의 하나가 소모되는 속도를 측정함으로써 결정되어진다. 반응속도는 충돌이론에 근거하여 온도, 반응물의 농도, 촉매에 따라 변화한다. 즉 농도가 증가할수록 충돌횟수가 늘어나므로 반응속도는 빨라진다. 기체반응에서는 반응기체의 분압이 증가하면 그 기체의 농도가 증가하므로 충돌횟수가 늘어나서 반응속도가 빨라진다. 반응계의 온도가 상승하면 분자의 운동에너지가 증가하여 활성화 에너지 이상을 지닌 분자가 증가하게 되어 반응속도가 빨라지며, 정촉매를 넣어주면 활성화 에너지가 낮아져서 역시 반응속도가 빨라진다.

반응속도는 이론적으로는 결코 그 값을 알 수 없기 때문에 반드시 실험적으로 결정되어야 한다. 농도가 반응속도에 미치는 영향은 다음과 같은 반응, 즉 $Na_2S_2O_3$의 환원반응으로 고체상태의 황(S)이 생성되는 시간을 관찰하여 설명할 수 있다.

$$Na_2S_2O_3(aq) + 2H^+(aq) \rightarrow S(s) + SO_2(g) + H_2O + 2\ Na^+(aq) \qquad (1)$$

반응이 종결되면 생성된 고체 황에 의하여 비커 내의 용액은 콜로이드 상태의 용액으로 변한다. 이 때 빛(손전등)을 용액에 통과시키면 황입자는 빛을 산란시킨다(틴들효과).

위 반응에서 반응속도는 다음 식으로 나타낼 수 있다.

$$\text{반응속도} = \text{생성물의 농도 변화/시간} = k[H^{+}]^{m}[S_2O_3^{2-}]^{n}$$

여기서 k는 반응속도상수이며, m과 n은 반응차수로서 0, 1, 2, 3과 같은 정수이다.

이 실험에서는 반응물질의 농도를 달리하여 반응속도를 측정하므로써 반응차수와 반응속도상수를 결정한다. 반응속도에 미치는 온도의 영향은 일정한 농도의 반응물질을 써서 여러 가지 온도에서 반응을 일으켜서 관찰할 수 있으며, 촉매의 영향은 본 실험에서는 고려되지 않았다.

실험기구 및 시약

실험기구 : 삼각 플라스크(250mL) 5개, 피펫(5mL, 10mL, 20mL), 메스 실린더(10mL), 온도계(1~100℃), 초시계, 흰종이, 유성펜

시　　약 : 2.0M HCl, 0.15M $Na_2S_2O_3$

실험방법

(1) 5개의 삼각 플라스크를 준비한다.

(2) 유성펜으로 흰 종이 위에 X자를 표시하여 놓는다.

(3) 준비한 5개의 삼각 플라스크를 흰 종이 위에 놓는다.

(4) 다음과 같이 0.15M $Na_2S_2O_3$와 물을 각각 다른 삼각 플라스크에 넣는다.

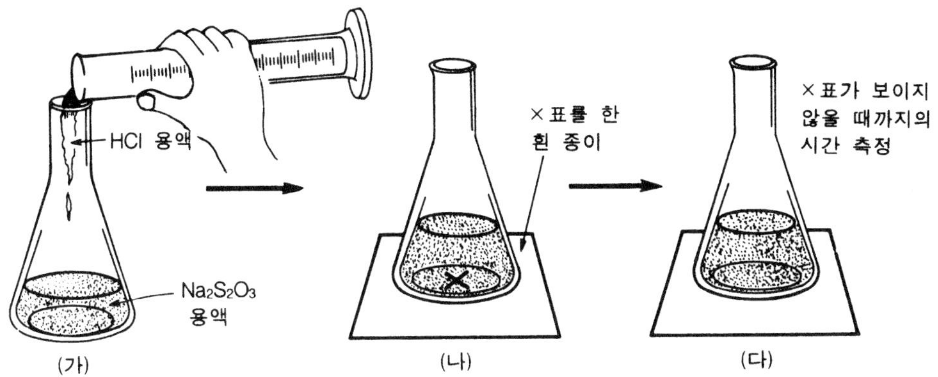

그림 28-1 반응속도의 측정

표 28-1

삼각 플라스크	$Na_2S_2O_3$(mL)	H_2O(mL)
1	50	0
2	40	10
3	30	20
4	20	30
5	10	40

(5) 혼합용액을 잘 저으면서 2.0 M HCl 10.0mL를 1번 삼각 플라스크에 넣는 순간부터 삼각 플라스크 바닥에 표시한 X자가 보이지 않게 될 때까지의 시간을 측정한다.
(6) 나머지 4개의 삼삭 플라스크에 대해서도 위와 같은 절차에 의해 반응을 시킨다.
(7) $[S_2O_3^{2}]$와 t, $[S_2O_3^{2-}]$와 $1/t$간의 관계를 나타내는 그래프를 그린다.

주의사항

(1) 실험이 끝난 후의 용액은 감압 플라스크로 고체 황을 거른 후 분리하여 버린다.

28 화학반응속도와 농도 결과보고서

학 과 : 학 번 : 이 름 :

실험조 : 실험일 :

1. 측정결과

삼각 플라스크	$Na_2S_2O_3$(mL)	X자가 안보일 때까지의 시간 t(초)
1	50	
2	40	
3	30	
4	20	
5	10	

2. 실험결과

(1) 반응시간

삼각 플라스크	$Na_2S_2O_3$(mL)의 농도	생성물의 농도변화/반응시간($1/t$)
1		
2		
3		
4		
5		

(2) $S_2O_3^{2-}$(mL)의 농도를 x축으로 하고 1/t를 y축으로 하여 그래프를 그리시오. 그래프의 모양을 보고 반응차수를 결정하고, 기울기로부터 속도상수를 결정하시오.

29 촉매에 의한 반응속도 변화

실험목적

촉매에 의한 반응속도의 변화를 측정함으로써 촉매의 작용을 확인한다.

원리

반응이 일어나기 위해서는 반응물이 충분한 에너지를 가지고 있어야 한다. 그 이유는 한 가지 화합물에서 다른 화합물로 결합이 변할 때 에너지가 높은 상태 즉 불안정한 상태인 전이상태를 거쳐야 하기 때문이다. 여기에서 반응물과 전이상태의 에너지 차이를 활성화 에너지라고 부른다.

반응물들은 높은 에너지를 가지고 있는 것부터 낮은 에너지를 가지고 있는 것까지 다양한 상태로 존재하며 이러한 상태의 분포를 나타내는 것이 볼쯔만 분포라고 불리는 식이다. 이렇게 다양한 상태에 있는 분자들 가운데 활성화 에너지보다 큰 에너지를 가지고 있는 분자는 반응이 일어날 수 있지만 낮은 에너지를 가지고 있는 분자는 활성화 에너지의 벽을 넘지 못하게 되는 것이다. 만약 활성화 에너지가 높은 반응이라면 활성화 에너지보다 높은 에너지를 갖는 분자의 수가 극히 적기 때문에 반응속도가 매우 느려진다.

촉매는 활성화 에너지를 낮춰주는 역할을 한다. 활성화 에너지가 낮아지면 그보다 높은 에너지를 갖는 분자의 수가 늘어나기 때문에 반응속도가 빨라진다. 따라서 촉매가 없는 상태에서는 거의 일어나지 않는 반응도 촉매를 넣어주면 활발하게 일어나는 것을 볼 수 있다. 이 실험에서는 다음과 같이 과산화수소가 분해되어 물과 산소 기체가 되는 분해반응에서 촉매인 요오드화포타슘(KI)의 영향을 확인해 보도록 한다.

$$2H_2O_2\ (aq) \rightarrow 2H_2O\ (l) + O_2\ (g)$$

보통 조건에서는 이 반응이 매우 느리게 일어난다. 그러나 요오드화소듐 (NaI)이나 요오드화포타슘 (KI)과 같은 촉매를 넣어주면 빠른 속도로 반응이 일어난다. 이 반응은 생성되는 산소 거품을 관찰함으로써 확인할 수 있다. 이 반응의 경우 과산화수소와 촉매인 요오드화포타슘은 모두 같은 수용액 상에 있기 때문에 균일촉매반응이라고 부른다. 이 균일 촉매반응은 다음과 같이 두 단계로 일어나는 것으로 생각되고 있다. 이 두 단계를 합하면 전체반응과 같아지는 것을 확인해 보라.

단계 1 : $H_2O_2\ (aq) + I^-\ (aq) \rightarrow H_2O\ (l) + IO^-\ (aq)$

단계 2 : $H_2O_2\ (aq) + IO^-\ (aq) \rightarrow H_2O\ (l) + O_2\ (g) + I^-\ (aq)$

이 실험에서 반응속도는 색소로 착색된 거품의 발생 속도로 측정할 수 있다. 촉매의 양을 변화시키며 넣어주고 반응속도에 어떤 변화가 나타나는지 확인해보자.

실험기구 및 시약

30% 과산화수소수, 요오드화포타슘(KI), 묽힌 중성세제, 색소, 100 ml 눈금실린더, 초시계

실험방법

(1) 100 ml 눈금실린더를 평평한 곳에 놓는다.
(2) 과산화수소수를 10 ml 넣는다.
(3) 원하는 색의 색소를 조금 넣는다.
(4) 묽힌 세제를 5 ml 넣는다.
(5) 위의 용액을 섞어준다.
(6) 요오드화포타슘을 넣지 않고 5분 정도 기다리며 거품의 발생 정도를 확인한다.
(7) 요오드화포타슘을 0.05g 넣고 거품이 20, 40, 60, 80, 100 ml에 도달하기까지의

시간을 측정한다.

(8) 요오드화포타슘의 양을 0.10 g과 0.30 g으로 변화시켜 앞의 실험을 반복한다. 시간이 허락한다면 더 적은 양이나 더 많은 양의 촉매로 실험하는 것도 좋을 것이다.

29 촉매에 의한 반응속도 변화 결과보고서

학 과 : 학 번 : 이 름 :

실험조 : 실험일 :

1. 측정결과

(1) 반응속도의 측정

거품의 부피	걸린 시간 (초)		
	촉매 0.01g	촉매 0.02g	촉매 0.03g
20 ml			
40 ml			
60 ml			
80 ml			
100 ml			

(2) 촉매의 양에 따라 위와 같이 반응속도가 달라지는 이유는 무엇인가?

(3) 촉매의 양을 많이 넣으면 반응속도는 제한이 없이 계속 증가할 수 있을까?

(4) 균일 촉매와 불균일 촉매의 예들을 찾아보라.

(5) 촉매의 양을 일정하게 하면서 반응물 가운데 한 성분의 양을 늘리면 반응속도는 어떻게 되는가?

30 아스피린의 합성

실험목적

유기산이 알코올과 반응하여 에스테르가 되는 과정을 통하여 해열제 또는 진통제로 많이 사용되는 아스피린을 합성, 정제해 본다.

원리

아스피린(아세틸 살리실산)은 유기산이 알코올과 반응하여 에스테르가 생성되는 에스테르화 반응을 이용하면 쉽게 합성할 수 있다.

$$\underset{\text{알코올}}{ROH} + \underset{\text{산}}{R'-\overset{\overset{\displaystyle O}{\|}}{C}-OH} \rightleftharpoons \underset{\text{에스테르}}{R'-\overset{\overset{\displaystyle O}{\|}}{C}-OR} + H_2O$$

위의 식에서 보여지는 것과 같이 에스테르화 반응은 가역반응이므로, 평형상태에서 정반응과 역반응이 동시에 일어난다. 그러나 유기산(RCOOH) 대신에 유기산 할로겐화물(RCOX) 또는 유기산 무수물(RCOOCOR)을 사용하면 역반응이 일어나지 않으므로 산과 알코올의 반응에서 생기는 것보다 에스테르가 더 쉽고 빠르게 생성된다. 본 실험에서는 소량의 인산을 촉매로 하여 아세트산 무수물과 살리실산을 반응시켜서 아스피린을 합성하고자 한다.

즉, 살리실산의 알코올 부분과 아세트산 무수물이 반응하면 아세트산 한 분자가 떨어지며 에스테르 화합물인 아스피린이 한 분자 생성된다. 여기서 합성한 아스피린은 불순물이 많으므로 그대로 의약품으로 사용할 수는 없다. 아스피린은 녹는점이 135℃인 고체 화합물이므로, 재결정을 통하여 합성한 아스피린을 정제할 수 있다.

$$\underset{\text{초산}}{CH_3\overset{\overset{\displaystyle O}{\|}}{C}-OH} + \underset{\text{에탄올}}{C_2H_5OH} \longrightarrow \underset{\text{에틸 초산}}{C_2H_5-O-\overset{\overset{\displaystyle O}{\|}}{C}-CH_3} + \underset{\text{물}}{H_2O}$$

$$\underset{\text{실리실산}}{C_6H_4(-\overset{\overset{\displaystyle O}{\|}}{C}-OH)(-OH)} + \underset{\text{무수초산}}{CH_4-C(=O)-O-C(=O)-CH_3} \rightarrow \underset{\text{아세틸 살리실산}}{C_6H_4(-\overset{\overset{\displaystyle O}{\|}}{C}-OH)(-O-\underset{\underset{\displaystyle O}{\|}}{C}-CH_3)} + \underset{\text{초산}}{CH_3\overset{\overset{\displaystyle O}{\|}}{C}-OH}$$

실험기구 및 시약

실험기구 : 물중탕, 전기히터, 저울, 삼각 플라스크(50mL), 비커, 유리막대, 스탠드, 클램프, 메스실린더, 감압 플라스크, 뷰흐너 깔때기, 온도계(0~150℃), 녹는점 측정장치, 거름종이, 피펫

시　　약 : 아세트산 무수물, 살리실산, 85% 인산, 석유 에테르(b.p 30~60℃), 얼음, 에틸에테르

실험방법

1. 아스피린 합성

(1) 살리실산 2.5g을 50mL 삼각 플라스크에 넣고, 여기에 아세트산 무수물 3mL를 용기벽을 따라 흘러내림으로써 용기벽에 묻은 살리실산을 모두 씻어 내린다.

(2) 이 삼각 플라스크를 그림 24-1과 같이 물중탕 장치를 한 후 촉매로 85% 인산을 소량(3~4방울) 가한 후, 온도를 70~85℃로 유지하면서 10분간 가열하여 반응을 완결시킨다.

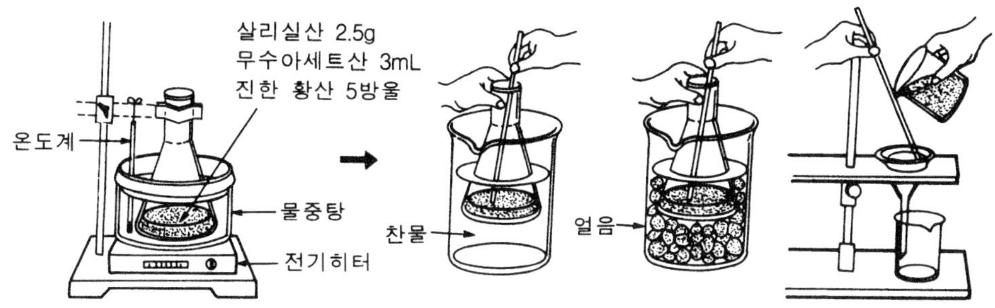

그림 30-1 아스피린의 합성

(3) 증류수 2mL를 조심스럽게 가하여 여분의 아세트산 무수물을 분해시킨다(이 때 아세트산 증기가 발생하는가를 관찰한다).
(4) 아세트산의 증기가 더 이상 관찰되지 않으면 물중탕에서 꺼내어 증류수 20mL를 가하고 실온까지 냉각시킨다.
(5) 아스피린 결정이 저절로 생성되지 않으면 유리막대로 플라스크 안쪽 면을 긁어주면서 플라스크를 얼음물에 담가 냉각시킨다.
(6) 생성된 결정을 흡입 여과기로 걸러낸 후 5mL의 얼음물로 씻는다.
(7) 얻어진 결정을 다른 거름종이로 옮겨 15~30분간 말린 후 무게를 달아 수득률을 계산하고 녹는점을 측정하여 순도를 알아본다.

2. 아스피린 정제 및 녹는 점

(1) 합성된 아스피린 1.0g 정도를 삼각 플라스크에 넣고 5mL의 에틸에테르에 녹인다. 이 때 잘 녹지 않으면 물중탕으로 조금 데우면서 저어준다.
(2) 거름종이로 걸러 녹지 않은 물질을 제거한 후 여과된 용액에 석유 에테르(끓는점 30~60℃) 15mL를 가한다.
(3) 이 플라스크를 얼음물에 담가 아스피린 침전을 생성시킨다.
(4) 이 침전을 거르고 소량의 석유 에테르로 씻은 후 다른 거름종이로 옮겨 펼쳐 말린 다음 녹는점을 측정한다.
(5) 4번에서 얻어진 녹는점과 실험 1에서 얻은 녹는점 및 문헌 값을 비교해 본다.

주의사항

(1) 반응 완결 후 과량의 아세트산 무수물에 물을 가하여 분해시킬 때 발생하는 뜨거운 증기를 조심한다.

(2) 에틸에테르 및 석유에테르는 인화성이 매우 크므로 아스피린을 에틸에테르에 녹여 정제할 때는 반드시 물중탕에서 해야 한다.

30 아스피린의 합성 결과보고서

학 과 : 학 번 : 이 름 :

실험조 : 실험일 :

1. 측정결과

(1) 아스피린의 합성

처음 얻은 아스피린의 무게 ________ g

정제한 아스피린의 무게 ________ g

(2) 아스피린의 녹는점 측정

처음 합성한 아스피린 ________ ℃

정제한 아스피린 ________ ℃

사용한 아세트산 무수물의 무게 ________ g

정제한 아스피린의 무게 ________ g

2. 실험결과

(1) 아스피린의 수득률

사용한 살리실산의 무게 ________ g

아스피린의 이론적 수득량 ________ g

실험의 백분율 수득률 ________ %

(2) 아스피린의 녹는점 측정

처음 합성한 아스피린 ________ ℃

정제한 아스피린 ________ ℃

아스피린의 녹는점 문헌값 ________ ℃

3. 논의

(1) 아스피린의 수득량이 이론값과 일치하지 않는 이유를 설명하시오.

(2) 실험에서 얻은 아스피린의 녹는점이 문헌값과 일치하지 않는 이유를 설명하시오.

(3) 실험 중 물을 가하여 아세트산 무수물을 분해시키는 과정이 있다. 이 때 일어나는 변화를 반응식으로 쓰시오.

31 원자의 전자배치와 오비탈

실험목적

각 원자의 바닥상태 전자배치를 파악한 후에 각 전자가 채워지는 오비탈의 양자 수를 결정한다. 그리고 그 양자수를 이용하여 컴퓨터로 오비탈의 구조를 그려본다.

원리

각 원소의 화학 성질들은 원자내-전자구조에 의하여 결정된다. 원소들의 화학적인 성질이 주기율표에서 보이는 것처럼 규칙적으로 변하는 이유는 전자의 수가 증가할 때 그 배치가 규칙적으로 변하기 때문이다. 따라서 원자의 전자배치를 파악하는 것은 각 원자의 화학적 성질들과 주기율표를 이해하는데 매우 중요하다.

원자에 있는 전자들은 각 오비탈에 채워진다. 오비탈이라는 것은 전자의 거동을 나타내는 함수이며, 오비탈의 제곱 값은 그 오비탈에 채워진 전자가 특정 공간에 존재하는 확률을 나타낸다. 그리고 각 오비탈의 특성은 주 양자수, 부 양자수, 그리고 자기 양자수라고 불리는 세 가지 양자수에 의해 결정된다. (아래 부분의 설명에서는 편의상 오비탈의 제곱을 그냥 오비탈이라고 부른다.)

실험기구 및 재료

컴퓨터(펜티엄 이상), Orbital Viewer 프로그램
(https://www.orbitals.com/orb/ov.htm)에서 다운받을 수 있음)

실험방법

(1) 먼저 프로그램을 사용하는 방법에 대해 조교의 시범을 본다.

(2) 주기율표에서 과제로 주어진 원자의 전자 수를 파악한다.

(3) Aufbau 원리에 따라 에너지가 낮은 오비탈부터 전자를 채워나가서 바닥상태 전자 배치를 얻는다. 원자의 실제 바닥상태 전자 배치는 Aufbau 원리로 얻은 결과와 다른 경우도 있다. 그 이유를 조사해 보라.

(4) 바닥상태 전자배치에서 전자가 채워진 오비탈들의 양자 수를 파악한다. 과제로 주어진 오비탈들(앞에서 주어진 원자의 지정된 전자가 채워지는 오비탈들)을 묘사하는 방법을 연습해 보자.

(5) Orbital Viewer 프로그램을 실행시킨 후 상단의 [File] 메뉴를 클릭하고 [New]를 선택하여 새로운 오비탈을 시작한다. 이때 프로그램에서는 자동적으로 임의의 오비탈을 생성한다.

(6) 생성 중인 오비탈은 무시하고 과제로 주어진 전자의 양자 수를 다음과 같은 방법으로 입력한다. 상단의 아이콘 가운데 [Ψ=]을 클릭하면 'Orbital' 대화창이 나타나는데 여기에 세 가지 양자수인 주양자수(n) 부양자수(l), 자기양자수(m)를 입력하고 [Done]을 클릭하면 전자의 오비탈이 생성된다.

(7) 생성된 오비탈을 더욱 분명하게 묘사하기 위해서는 [Display] 메뉴에 있는 다음과 같은 여러 가지 기능을 사용한다. 다음에 가장 중요한 기능을 설명했지만 다른 기능들도 시도해보면 좋을 것이다.

① [Render Options]를 선택하면 'Rendering Method' 창이 나타난다. 여기에서 Quick Rendering은 오비탈을 이동하거나 변경할 때 완전한 구조를 그리기 전에 보여주는 예비적인 그림이다. 다른 방법을 선택하면 시간이 많이 걸리기 때문에 Quick Rendering Method는 'Points'를 그대로 사용하는 것이 좋다. Precise Rendering Method는 최종적으로 오비탈을 나타내는 방법인데 'Raytraced'가 가장 깨끗한 모양을 보여주지만 시간이 많이 걸리기 때문에 'Polygons'를 선택한

다. 그러나 최종적으로 실제 전자 밀도를 보고 싶을 때는 'Points'를 사용한다.

② [Point Options]에서는 점의 수를 결정한다. 점이 많을수록 정밀한 묘사가 가능하지만 그리는데 시간이 더 많이 걸린다.

③ [Polygon Options]에서는 주로 'probability'와 'opacity'를 조정할 수 있다. 'proba-bility'는 전자가 존재할 확률이 몇 퍼센트가 되도록 공간을 한정할 것인지를 결정하는 것이다. 숫자가 음의 값으로 작아질수록 더 높은 확률이 되고 따라서 polygon으로 나타내는 공간의 크기가 커진다. [Auto]를 선택하면 가장 적절한 크기로 그려준다. 그러나 오비탈이 커지는 것은 아니라는 점을 명심하라. 이것은 점으로 나타낸 오비탈은 변하지 않는 것을 보면 알 수 있다. 다음으로 'opacity'를 30~50% 정도로 하면 뒤에 숨어 있는 오비탈의 모양도 확인할 수 있을 정도가 된다.

④ Cutaway는 오비탈을 잘라 절단면을 보여주는 기능이다.

(8) 과제로 주어진 오비탈을 가장 잘 나타낼 수 있도록 조정한 후에 다음과 같이 배경색을 조정한다. [File] 메뉴에서 [Colors]를 선택하고 [Background]로 흰색을 선택한다. 물론 원한다면 검정색이나 다른 색을 선택하여 컬러 프린터로 인쇄할 수도 있다.

(9) Copy 아이콘을 눌러 그림을 복사하고 흔글과 같은 워드프로세서에 붙이면 보고서를 작성하는데 사용할 수 있다. 또는 Photoshop이나 Paint Shop Pro와 같은 프로그램으로 옮긴 후 그림 파일로 만들어 저장할 수도 있다.

(10) 다음과 같은 방법으로 각 오비탈의 유사점과 차이점들을 알아보자.

① Orbital Viewer 프로그램을 다시 새롭게 실행시킨 후, 2개의 창에 1s-, 2s-오비탈을 각각 따로 그려보자. Render option에서 Precise Rendering Option을 Points로 선택한 후, 1s-, 2s-오비탈의 모양을 서로 비교해 보자. Precise Rendering Option을 Polygon으로 선택한 후 비교하면 어떻게 다른지 알아보자. Cutaway Type을 plane으로 선택한 후 비교해 보자.

② Orbital Viewer 프로그램을 다시 새롭게 실행시킨 후, 2개의 창에 2p1-, 3p1-오비탈을 각각 따로 그려보자. ①번의 방법처럼 두 가지 Precise Rendering Option과 한 가지 Cutaway 방법을 사용하여 각각의 경우에 두 오비탈들을

비교해 보자. 필요하면 오비탈이 그려진 화면의 바탕에 마우스 표시가 위치할 때 왼쪽 마우스-버튼을 누른 채 이동시켜 오비탈을 회전시키면서 비교해 보자.

③ Orbital Viewer 프로그램을 다시 새롭게 실행시킨 후, 3개의 창에 3d2-, 3d1-, 3d0-오비탈을 각각 따로 그려보자. ①~②번의 방법들을 이용하여 이들 세 가지 오비탈을 비교해 보자.

31 원자의 전자배치와 오비탈 결과보고서

학 과 : 학 번 : 이 름 :

실험조 : 실험일 :

1. 원자의 전자배치

2. 전자가 채워진 각 오비탈들의 양자수

3. 각 오비탈들의 모양

4. 토론 질문

(1) 원소들의 원자질량이 증가하면서 규칙적인 화학적 성질을 갖는 이유는 무엇인가? 즉 주기율표에서 보는 것과 같은 규칙성이 나타나는 이유는 무엇인가?

(2) 세 가지 양자수는 오비탈의 어떤 특징을 결정하는지 설명하시오.

(3) 2s-오비탈과 3s-오비탈의 공통점과 차이점은 무엇인가? 2p1-오비탈과 3p1-오비탈의 공통점과 차이점은 무엇인가? 3d2-, 3d1-, 3d0-오비탈들의 공통점과 차이점은 무엇인가?

(4) 3s-, 3p-, 3d-오비탈들 사이의 공통점이 있는가? 있다면 무엇인가?

32 아보가드로수의 결정

실험목적

스테아린산이 물 표면에 퍼지면 단막층을 형성하는 성질을 이용하여 탄소원자 1개의 크기를 예측하고, 탄소 원자 1몰의 부피로부터 탄소 1몰에 들어있는 원자 수를 계산함으로써 아보가드로수를 구한다.

원리

스테아린산(stearic acid)이나 올레인산(oleic acid)과 같은 지방산들은 친수성 카르복실기(−COOH)로 되어 있는 극성 끝과, 친유성 알킬사슬로 되어 있으면서 끝에는 메틸기가 붙어 있는 비극성 꼬리를 가지고 있다. 이들은 비극성 부분이 극성 부분에 비해 대단히 크기 때문에 물과 섞이지 않고 알코올, 헥산, 펜탄, 그리고 벤젠과 같은 유기 용매에

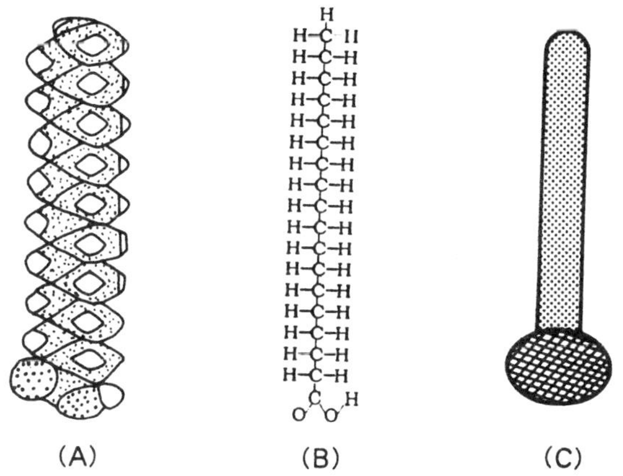

그림 32-1 스테아린산 분자(A) 공간채우기 모형(B) 구조적(C) 약식 표기

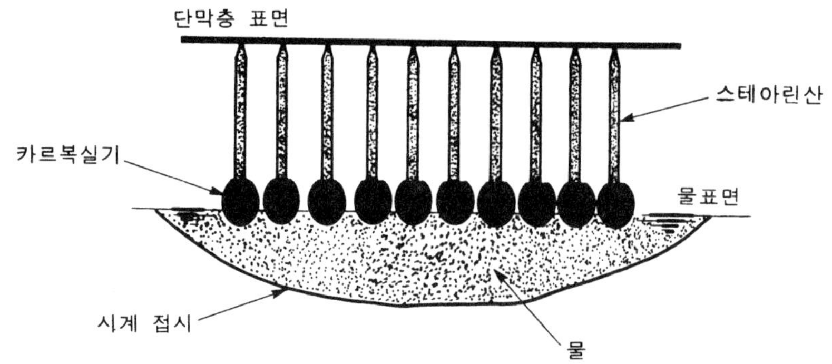

그림 32-2 물 표면에 놓인 긴 사슬분자의 단막층

잘 섞이며, -COOH 작용기로 인해 산의 성질을 갖는다. 그림 32-1에 이 분자를 자세하게 나타내 보였다.

깨끗한 물의 표면에 스테아린산 한방울을 떨어뜨리면 이 지방산은 하나의 큰 막을 형성하며 주위로 퍼져나가고, 물의 표면적이 충분히 크고 방울의 크기가 상당히 작다면, 생성되는 막은 한 분자층을 가질 때까지 계속해서 퍼지게 된다. 이 때 스테아린산의 극성인 한쪽 끝(-COOH)은 물 표면과 접하게 되고, 분자의 긴 꼬리는 물의 표면과 수직으로 있게 된다(그림 32-2).

그러나 표면이 스테아린산 분자의 단막층으로 완전하게 덮혀진 후에 더 가한 스테아린산 분자는 둥근 모양의 집합체로 뭉치게 된다. 극성 머리 쪽은 극성 물분자 쪽으로 끌리게 되어 구형 표면을 형성하고 탄화수소 꼬리 부분은 안 쪽을 가리키는 기름방울과 같은 내부를 형성하게 된다. 그림 32-3에 이 집합체를 그림으로 설명하였다.

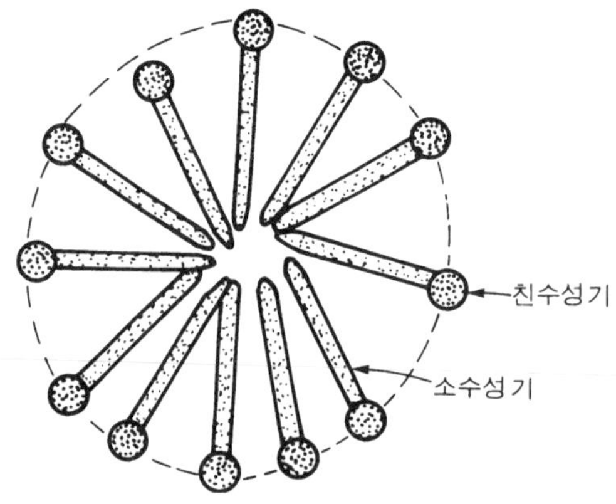

그림 32-3 긴 사슬 분자의 구형 집합체

스테아린산 용액은 증기압이 높고 물에 녹지 않는 헥산에 스테아린산을 녹여 만들었기 때문에, 헥산은 빠르게 증발하여 물 표면에 스테아린산 단막층만이 남는다. 물 표면을 덮은 스테아린산 용액의 방울 수와 스테아린산 용액의 농도로부터 단막층을 형성하는데 필요한 스테아린산의 질량을 구하고, 그 밀도(d=0.847g/cm3)로부터 스테아린산의 부피를 계산할 수 있으며, 단막층의 넓이(물 표면의 넓이)로부터 단막층의 두께를 계산할 수 있다. 이 두께는 스테아린산 한 분자의 길이와 거의 같으며, 이 분자는 18개의 탄소 원자가 연결되어 있다.

분자를 원자들이 서로 연결된 작은 입방체라고 가정한다면 탄소 입방체 한 모서리의 길이는 분자의 길이(두께)의 1/18일 것이며, 원자의 부피는 입방체의 부피인 모서리 길이의 3승이 될 것이다.

이제 원자 1몰에 들어있는 원자의 개수를 계산하기 위해 필요한 것은 탄소 1몰의 부피이다. 다이아몬드는 순수한 탄소로, 밀도는 3.51g/cm^{3}이다. 탄소의 몰 질량을 밀도로 나누면 탄소의 몰 부피를 계산할 수 있다.

다이아몬드가 촘촘히 쌓은 탄소 원자의 입방체로 되어 있다고 가정하면 아보가드로수가 차지하는 부피는 바로 1몰의 부피와 같으며, 다음 식으로부터 아보가드로수를 계산할 수 있다.

$$N_A = \frac{\text{몰 부피}(\text{cm}^3/\text{mol})}{\text{원자 부피}(\text{cm}^3/\text{atom})} = \text{particles}/\text{mol}$$

실험기구 및 시약

실험기구 : 시계접시(14 cm), 메스 실린더(10 mL), 스포이드 피펫, 자

시　　약 : 헥산, 0.12~0.15 g/L 스테아린산 헥산용액, 0.1M 50:50 메탄올/물 용액

실험방법

1. 스포이드 피펫 보정

(1) 스포이드 피펫을 헥산으로 채운다.

(2) 피펫을 수직으로 세워 붙잡고 1.00 mL 단위로 눈금이 나 있는 실린더에 방울방울 떨어지게 하면서 방울 수를 센다. 1 mL가 약 100 방울이 되면 된다.

(3) 이 과정을 되풀이하여 오차가 4~5방울 내에 들게 한다.

2. 표면적을 덮는 데 필요한 스테아린산 용액의 부피 측정

(1) 깨끗한 시계접시의 가장자리까지 증류수를 붓는다.

(2) 물 표면의 직경을 조심스럽게 측정한다.

(3) 스포이드 피펫을 스테아린산 용액으로 여러번 헹군다.

(4) 스테아린산 용액을 물 표면에 가하면서 방울 수를 센다.
한 방울을 떨어뜨린 후 5~10초씩 기다린다.

(5) 단막층이 생긴 후 더 가한 방울은 물 표면에 그대로 머물게 되며 마치 콘텍트 렌즈 모양을 하는데 만약 렌즈가 30초 이상 견디면 용액 1방울을 더 넣고 끝낸다.

(6) 2~3방울 차이가 날 때까지 실험을 되풀이한다.

주의사항

(1) 시계접시는 메탄올 용액에 담그었다가 사용한다. 스테아린산은 비누를 만드는 지방산의 한 종류이기 때문에 시계접시를 비누로 세척해서는 안된다. 불순물이 있으면 물 표면에 스테아린산이 퍼지는 것을 방해하여 좋은 결과를 얻지 못한다.

(2) 헥산은 가연성 물질이므로 특히 주의한다.

(3) 피펫을 잡는 각에 따라 방울의 크기가 달라져 방울 수에 차이가 나므로, 피펫은 정확히 수직을 유지해야 한다.

(4) 물 표면에 스테아린산 용액을 가하기 전에 피펫을 이 용액으로 여러 번 씻어 내야 한다. 그렇지 않으면 헥산이 증발하여 모세관 끝에 스테아린산의 진한 용액이 남아 있어서 첫 방울에 더 많은 스테아린산이 포함될 수도 있기 때문이다.

32 아보가드로수의 결정 결과보고서

학 과 : 학 번 : 이 름 :
실험조 : 실험일 :

1. 측정결과

(1) 스포이드 피펫의 보정

1.00 mL에 해당하는 헥산의 방울 수

___________ 방울 ___________ 방울

(2) 표면을 덮는 데 필요한 스테아린산 용액의 부피 측정

물 표면의 직경 ___________ cm

표면을 덮는 데 필요한 방울 수 ___________ 방울 ___________ 방울

2. 실험결과

(1) 스포이드 피펫의 보정

한 방울의 부피 ___________ mL ___________ mL

평균 ___________ mL

(2) 표면을 덮는 데 필요한 스테아린산 용액의 부피 측정

단막층을 형성하는데 필요한 용액의 부피

___________ mL ___________ mL

평균 ___________ mL

(3) 스테아린산 단막층의 두께 계산

스테아린산 용액(1L) 중의 스테아린산의 무게	___________	g/L
단막층을 형성하는데 필요한 스테아린산의 무게	___________	g
스테아린산의 밀도	___________	g/cm^3
단막층 중의 순수한 스테아린산의 부피(V_1)	___________	mL
단막층의 넓이(A)	___________	cm^2
단막층의 두께($h = V_1/A$)	___________	cm

(4) 탄소 원자의 몰부피 계산

탄소의 몰질량	___________	g/moL
다이아몬드의 밀도	___________	g/cm^3
탄소 1몰의 부피(V_2)	___________	cm^3/mol

(5) 아보가드로수의 계산

탄소 원자의 크기(입방체의 한 모서리 길이, $l = h/18$)	___________	cm
탄소 원자의 부피($V_3 = l^3$)	___________	cm^3/atom
아보가드로 수(V_2/V_3)	___________	atoms/mol

3. 논의

(1) 이론적인 아보가드로수와의 오차를 계산하고, 그 이유를 생각해 보시오.

33 화학결합 및 분자의 구조

실험목적

ISIS Draw 프로그램을 이용하여 주어진 화학식에 해당하는 분자의 결합구조, 즉 루이스 구조를 그릴 수 있도록 한다. 그리고 ACD/3D Viewer 프로그램을 이용하여 평면적인 루이스 구조에 해당하는 삼차원 분자 구조를 만들어본다. 마지막으로 삼차원 구조를 통해 분자의 물리적 성질을 예측해본다.

원리

루이스 구조는 분자를 구성하는 원자의 원자가 전자(Valence Electron)를 점으로 표시하고, 짝지은 전자쌍들의 분포를 볼 수 있도록 한 것이다. 이 구조는 분자를 구성하고 있는 원자들이 어떤 방식으로 결합하고 있는지, 또 고립 전자쌍이 어디에 분포하고 있는지 쉽게 알 수 있게 도와준다. 분자에서 전자는 쌍으로 존재하며 두 원자가 한 쌍의 전자를 공유할 때 두 원자는 단일결합으로 연결되어 있다고 말한다. 이와 마찬가지로 이중결합은 두 쌍, 삼중결합은 세 쌍의 전자를 공유한다. 그리고 일반적으로 각 원자는 항상 여덟 개의 원자가 전자 를 채우려는 경향을 가지고 있어 이것을 팔전자규칙(Octet Rule)이라고 한다.

우리는 또한 루이스 구조로부터 분자의 삼차원 구조를 예측할 수 있다. 한 원자에 있는 전자쌍들은 반발을 최소화하기 위해 항상 가장 멀리 떨어지려는 경향을 가진다. 이 경향을 기초로 분자의 삼차원 구조를 예측하는 것이 바로 VSEPR(원자가 전자쌍 반발, Valence Shell Electron Pair Repulsion) 이론이다. 이 이론에 의하면 한 원자가 두 개의 전자쌍을 가지고 있을 경우, 이 전자쌍들은 180°의 각도를 이루며 일직선으로 분포하게 된다. 또

세 개의 전자쌍을 가질 때는 120°의 각도를 갖는 평면 삼각구조, 네 개의 전자쌍을 가질 때는 109.5°의 각도를 갖는 정사면체 구조로 분포한다. 단 이중결합이나 삼중결합에는 두 쌍 또는 세 쌍의 전자가 포함되어 있지만 한 곳에 모여 있기 때문에 한 쌍으로 취급한다.

분자의 삼차원 구조는 분자의 물리적 및 화학적 성질을 예측하는데 매우 유용한 정보가 된다. 특히 분자의 삼차원 구조를 통해 분자의 극성이나 표면적 등을 파악할 수 있기 때문에 끓는점과 녹는점 그리고 물이나 유기용매에 대한 용해도를 예측할 수 있다.

실험기구 및 재료

컴퓨터(펜티엄 이상), ISIS Draw 2.4 프로그램(http://www.mdli.com에서 다운 받을 수 있음), ACD/3D Viewer 프로그램(http://www.acdlabs.com에서 다운 받을 수 있음)

실험방법

(1) 먼저 프로그램을 사용하는 방법에 대해 조교의 시범을 본다.

(2) ISIS Draw 2.4 프로그램을 실행시킨 후 다음과 같은 방법으로 분자의 루이스 구조를 그린다.

① 왼쪽의 [Atom] 아이콘을 선택하고 문서 작성 창에서 다시 마우스 왼쪽 버튼을 클릭하면 원소를 선택할 수 있는 탭이 나타난다. 탭의 목록에서 원하는 원소를 선택한다. 만약 목록에 원하는 원소가 없거나 글자체를 바꾸고 싶을 때는 More를 선택하면 더 자세히 원소를 선택할 수 있는 창이 나타난다.

② [Atom] 바로 밑의 [Single Bond] 아이콘을 선택하면 단일결합을 그릴 수 있다. 아이콘을 계속 누르고 기다리면 이중결합 또는 삼중결합을 그릴 수 있는 아이콘이 추가로 나타난다.

③ 한 결합이나 원자를 지우기 원할 때는 [Atom] 아이콘 위의 [Eraser] 아이콘을 사용한다.

④ [Lasso Select] 아이콘을 누르고 마우스로 드래그하여 분자를 포함하는 영역을 선택한다. Edit 메뉴에서 Copy를 누른다. 원하는 워드 프로세서 프로그램에서

붙이기를 하면 그려진 루이스 구조를 옮길 수 있다.

(3) 루이스 구조를 다 그린 후에 [Object] 메뉴에서 ACD/3D Viewer를 선택하면 분자의 삼차원 구조를 볼 수 있다.

① 처음에는 Wireframe 구조로 나타난다. Stick이나 Stick & Ball 또는 Spacefill 아이콘을 선택하면 다른 방법으로 구조를 볼 수 있다.

② 왼쪽 마우스를 누른 상태에서 움직이면 분자를 회전시킬 수 있다. 여러 각도에서 분자를 보며 구조를 파악한다.

③ Auto Rotate나 Auto Rotate and Change Style을 선택하면 자동으로 회전하여 다양한 각도에서 분자를 볼 수 있다.

④ Options 메뉴에서 Colors를 선택하면 배경이나 원자의 색을 바꿀 수 있는 창이 나타난다.

⑤ Edit 메뉴에서 Copy를 누르고 원하는 워드 프로세서 프로그램에서 붙이기를 하면 그려진 삼차원 구조를 옮길 수 있다. 분자의 구조를 가장 잘 파악할 수 있는 각도로 분자를 조정하고 워드 프로세서로 분자구조 그림을 옮긴다.

(4) 과제로 주어진 다음의 분자들에 대해 위의 실험을 수행하고 물리적 성질을 예측한다.

① H_2O, NH_3, CH_4, CO_2, H_2CO 등의 간단한 분자들을 대상으로 한다.

② 여기에서 끓는점을 예측한 후에 실제 실험을 통해 확인하려고 하는 경우에는 추가로 Ethanol, Pentane, Hexane, 2, 2-Dimethylbutane의 네 가지 화합물을 대상으로 한다. 이 네 가지 화합물은 끓는점이 100℃ 이하이기 때문에 물중탕 사용이 가능하다. 만약 oil bath를 사용할 수 있다면 Hexane, Octane, Isooctane, Octanol의 네 가지 화합물을 선택할 수도 있다.

(5) 화학식이 C_4H_8인 모든 가능한 이성질체들, 즉 모든 가능한 루이스 구조식들을 찾아보고 이들의 삼차원 구조를 알아보자.

33 화학결합 및 분자구조 결과보고서

학 과 : 학 번 : 이 름 :

실험조 : 실험일 :

1. 루이스 구조

2. 위 분자들의 삼차원 구조

3. 과제로 주어진 네 가지 분자의 끓는점 순서를 예측하라. 이렇게 예측한 이유는 무엇인가?

4. C_4H_8인 모든 가능한 이성질체들의 루이스 구조식과 삼차원 구조

5. 토론

(1) 화학 결합의 종류와 특징들에 대해 설명하라.

(2) 화합물의 끓는점에 영향을 미치는 분자간 인력에는 어떤 것들이 있는지 설명하라. 분자의 구조는 분자 간 인력에 어떻게 영향을 미치는가?

34 착 화합물의 기본 합성

실험목적

착화합물의 기본적인 합성반응을 통하여 착화합물에 대한 합성법 및 성질을 익히고자 한다.

원리

착물이란 어떤 화합물이며 또 어떤 성질을 갖고 있는지를 살펴보고 착물의 중심원자에 따라 리간드의 수가 어떻게 달라지는가를 알아본다.

배위 화합물(coordination compound) 또는 착물(complex)은 금속 원자나 이온이 전자쌍을 제공하는 몇 개의 음이온 또는 중성분자와 배위 공유결합(coordinate covalent bond)을 하고 있는 화합물이다. 예를 들면, 구리이온은 4개의 암모니아와 배위 공유결합을 한다.

$$Cu^{2+} + 4\,H_2O \longrightarrow [Cu(H_2O)_4]^{2+} \xrightarrow{4\,NH_3} [Cu(NH_3)_4]^{2+}$$

이렇게 생성된 이온을 착이온(complex ion)이라 하고, 이런 이온으로 구성된 화합물을 착물이라 한다. 암모니아와 같이 전자쌍을 주는 화학종을 리간드(ligand)라 부르는데, 대개 C, N, O, S 등의 원소를 포함하는 분자나 이온이며, 할로겐화 이온도 리간드가

될 수 있다. 수용액 중에서 거의 대부분의 금속이온들은 유리된 상태로 존재하지 않고, 물분자가 배위된 착이온으로 존재한다. 즉, 구리이온은 $Cu(H_2O)_4^{2+}$로 되어 있다. 그러나 수용액 중에서 간단히 Cu^{2+}로 표시한다. 중심원자에 배위결합을 하는 한자리 리간드의 수를 배위수라 부르며, 보통 2, 4, 5 및 6과 같은 수를 가진다. 1개의 리간드가 1개의 중심원자와 2곳 이상의 배위결합을 하는 경우도 있으며, 이렇게 생성된 착물을 배위 화합물(coordination compound)이라 한다. 착이온은 수화된 이온과 그 성질이 매우 다르며, 또한 착물형성반응은 색의 변화를 수반하는 경우가 많다. 이 실험에서는 Co^{2+} 및 Cu^{2+}이온에 관하여 리간드에 따르는 색 변화를 관찰하고, 간단한 착물을 합성한다.

실험기구 및 재료

10ml 눈금 실린더(또는 10ml 피펫), 100ml 삼각 플라스트, 아스피레이터, 감압 플라스크, 뷔흐너 깔때기, 유리젓개, 100ml 비커, 시험관, 거름종이, 오븐, 1.7M $CoCl_2$, 진한 NH_3, 진한 HCl, 10% H_2O_2, 10% $NaNO_2$, 진한 CH_3COOH, 10% KCl, $CuSO_3 \cdot 5H_2O$, NH_4Cl, CH_3OH, 활성탄

실험방법

1. 코발트(Ⅱ)이온의 착물형성반응

(1) 2개의 시험관 A, B 각각에 증류수 1ml와 1.7M 염화코발트 용액 2방울씩을 가한후 진한 암모니아수를 1방울씩 가한다. 침전이 생기면 그것이 녹을 때까지 진한 암모니아수를 가한다.

(2) A 시험관에 진한 염산 1ml를 가하여 색의 변화를 본다. B 시험관에 10% 과산화수소 용액 3방울을 가하여 그 변화를 본다. 시험관을 흔들어 기포의 발생이 그치면 약간 가열하여 기포를 완전히 제거하고 찬물로 식힌다. 여기에 진한 염산 1ml를 가해보고 A 시험관의 결과와 비교한다.

(3) 시험관에 1.&M 염화코발트 용액 1ml와 10% 아질산나트륨 용액 2ml 및 진한 아세트산 0.5ml를 넣고 잘 흔들 후 용액을 A, B en 시험관에 이등분하여 넣는다. A 시험관

에는 10% 염화칼륨 용액 5방울을 가하여 잘 흔든 후 유리막대로 시험관 내벽을 긁은 다음 방치하고 변화를 관찰한다.(변화가 없으면 유리막대로 시험관 내벽을 더 긁어준다). B 시험관에는 10% 과산화수소 용액 0.5ml를 가하고 가열한 후 식히고 10% 염화칼륨 용액 5방울을 가하여 본다.

(4) 거름종이에 염화코발트 용액 1방울을 묻혀 그 부분을 알코올램프로 조심하여 말린다. 색의 변화를 관찰한다.

2. 황산사암민구리(Ⅱ)의 제조

황산구리 결정 7.0g을 달아서 100ml 삼각 플라스크에 넣고, 증류수 15ml를 가하여 가열 용해시킨 후 식힌다. 그리고 다음부터의 조작은 후드내에서 한다. 진한 암모니아수를 조금씩 잘 저으면서 가하고 처음 생긴 침전이 모두 녹을 때까지 가한다. 이때 구리이온은 모두 사암민구리(Ⅱ)의 착이온으로 되어 있다. 이 용액에 메탄올 10ml를 가하면 황산사암민구리(Ⅱ)의 청색 침전이 생긴다. 뷔흐너 깔때기로 감압 여과한 다음 결정을 다시 메탄올 5ml로 씻는다. 결정을 마른 거름종이에 옮겨 거름종이 사이에 넣고 눌러서 물기를 제거한 다음 오븐에 넣어 말린 후 무게를 달아 수득률을 계산한다.

34 착 화합물의 합성 결과보고서

학 과 : 학 번 : 이 름 :
실험조 : 실험일 :

1. '실험 가'에서 각 단계마다 생성된 착이온의 색을 쓰시오.

단계 1) :
단계 2) : A 시험관 B 시험관
단계 3) : A 시험관 B 시험관
단계 4) : 건조시

2. '실험 가 와 나'의 수득률을 계산하시오.

3. 이 실험의 전체반응식을 각각 쓰시오.

4. 논의

(1) 이 실험의 전체 반응식을 쓰시오.

(2) 1차 생성물을 여과시 제거되는 예상 물질을 나타내시오.

35 비누화 반응

실험목적

지방산 에스터를 가수분해하여 비누를 만든다. 원료인 지방산 에스터는 동물성기름이나 식물성기름을 사용하여 만든다. 이를 통하여 지방산 에스터를 가수분해하는 과정을 이해하고 일상생활에 유용하게 쓰이는 비누를 직접 만들어서 그 과정을 이해하고 비누의 세척 원리도 배운다.

원리

일반적으로 에스터화 반응의 역반응은 가수분해라고 부른다. 그리고 지방산 에스터의 가수분해는 '비누화 반응'이라 부른다. 비누는 동물성 지방(fat)이나 식물성 기름(oil)을 수산화소듐과 반응하여 생긴 지방산(fatty acid)의 알칼리 염(鹽)이다. 비누의 역사는 기원전 2500년경에 중동의 사마리아인에게까지 올라간다. 현대 화학이 발전하기 전에는 지방이나 기름에 나무나 짚의 태운 재에서 얻은 잿물을 넣어서 비누를 만들어서 사용했다. 잿물에는 탄산소듐과 탄산포타슘이 들어있다.

액체 상태에서 극성 분자는 극성분자들과 잘 섞이고, 무극성 분자는 무극성 분자들과 잘 섞인다. 그렇기 때문에 극성 분자인 물에는 무극성의 성질인 유기 분자들이 잘 녹지 않는다. 유기 물질인 기름이 물에 잘 녹지 않는 것이 바로 그런 예이다.

여러 개의 탄소 원자들이 사슬 모양으로 연결된 탄화수소도 무극성의 특성을 가지고 있어서 물에 잘 녹지 않기 때문에 소수성(疏水性, hydrophobic) 분자라고 한다. 그러나 소수성의 탄화수소 끝에 결합된 카복실기($-COO^-$)는 물 분자와 잘 섞이는 친수성(親水性, hydrophilic)을 나타낸다. 이처럼 소수성과 친수성의 특성을 가진 원자단을 모두 가지고 있는 분자를 이용하면 무극성의 유기 분자 쪽을 향하면서 유기 분자를 둘러싸게 되면 분자의 친수성 부분이 극성의 물 쪽에 노출되어서 전체적으로는 커다란 극성 분자처럼 보이는 에멀젼(emulsion)이 되기 때문이다. 이런 특성을 가진 물질을 “계면활성제”(surfactant) 또는 유화제(emulsifier)라고 부르며, 비누와 합성 세제가 대표적인 계면활성제이다.

지방이나 기름은 글리세롤(glycerol)과 지방산(fatty acid)의 반응에서 생기는 트라이글리세라이드(triglyceride)종류의 에스터이다.

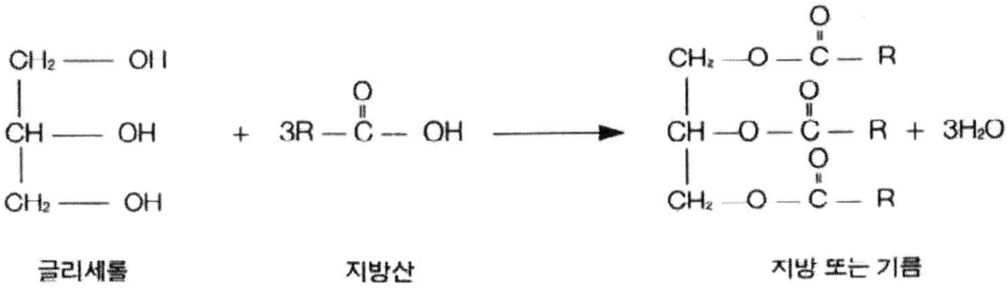

$$\begin{matrix} CH_2-OH \\ | \\ CH-OH \\ | \\ CH_2-OH \end{matrix} + 3R-\overset{O}{\overset{\|}{C}}-OH \longrightarrow \begin{matrix} CH_2-O-\overset{O}{\overset{\|}{C}}-R \\ | \\ CH-O-\overset{O}{\overset{\|}{C}}-R \\ | \\ CH_2-O-\overset{O}{\overset{\|}{C}}-R \end{matrix} + 3H_2O$$

글리세롤 지방산 지방 또는 기름

지방이나 기름을 형성하는 지방으로는 스테아르산($CH_3(CH_2)_{16}COOH$)이나 팔미트산($CH_3(CH_2)_{14}COOH$)과 같이 10개 이상의 탄소가 단일 결합으로 연결된 포화 지방산과 올레산($CH_3(CH_2)_4CH=CHCH_2CH=CH(CH_2)_7COOH$)과 같이 이중결합을 가진 불포화 지방산 등이 있다. 일반적으로 포화 지방산의 알킬기는 직선형의 긴 사슬 모양이기 때문에 서로 잘 겹쳐지지만, 불포화 지방산의 알킬기는 구부러진 모양이다. 따라서 일반적으로 불포화 지방산에서 만들어진 트라이글리세라이드는 액체의 “기름”인 경우가 많다.

지방이나 기름을 센 염기와 반응시키면 카복실기가 떨어져 나오면서 지방산의 염(鹽)과 함께 글리세롤이 생성된다.

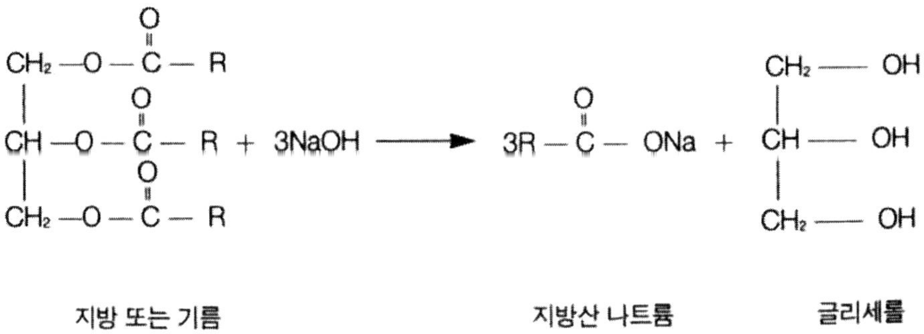

$$\begin{matrix} CH_2-O-\overset{O}{\overset{\|}{C}}-R \\ | \\ CH-O-\overset{O}{\overset{\|}{C}}-R \\ | \\ CH_2-O-\overset{O}{\overset{\|}{C}}-R \end{matrix} + 3NaOH \longrightarrow 3R-\overset{O}{\overset{\|}{C}}-ONa + \begin{matrix} CH_2-OH \\ | \\ CH-OH \\ | \\ CH_2-OH \end{matrix}$$

지방 또는 기름 지방산 나트륨 글리세롤

이때 만들어진 지방산의 염이 비누이다. 비누 분자에서 긴 사슬 모양의 알킬기가 소수성을 나타내고, 카복실기가 친수성을 나타내기 때문에 계면활성제로 작용하게 된다.

비누를 만들 때는 수산화소듐이나 지방이 남아있지 않도록 하는 것이 좋다. 지방 1g을 비누화 시키는데 필요한 수산화소듐의 양을 비누화 값(saponification value)이라고 한다. 지방에 들어있는 알킬기가 길수록 비누화 값이 작아진다.

용액 중에서 만들어진 비누를 분리하기 위해서는 염화소듐과 같은 전해질을 용액에 넣어준다. 전해질은 물속에서 모두 해리하기 때문에 전해질의 이온보다 극성이 작은 비누 분자들은 서로 엉키게 된다. 이런 현상을 염석 효과(salting-out effect)라고 한다.

이 실험에서는 동물성(또는 식물성) 지방을 이용해서 비누를 만들고, 비누의 대체 물질로 널리 사용되고 있는 합성 세제를 합성해본다.

실험기구 및 시약

실험기구 : 비커(250 mL), 눈금실린더, 시험관, 가열기, 젓게장치, 온도계, 클램프 장치

시　　약 : 유지, 올리브유, 1-도데칸올($C_{12}H_{25}OH$), 포화 NaOH 용액
6M NaOH 용액, 진한 황산, 소금(NaCl), 에탄올, 페놀프탈레인

실험방법

실험 A. 비누만들기

(1) 유지 20g과 올리브유 2g을 비커에 넣고 나무젓가락으로 저어주면서 35℃까지 가열한다.

(2) 포화 NaOH 6mL와 에탄올 6mL를 넣고 일정한 온도를 유지하도록 계속 가열한다. 가열하는 동안 비커의 용액을 잘 저어주어야 한다.

(3) 다시 포화 NaOH 2mL를 넣어주고 용액이 투명하게 될 때까지 약 20분 동안 저어주면

서 가열한다.

(4) 다음과 같은 방법으로 비누화 반응이 완결되었는가를 확인한다.

① 손끝으로 문지르면 미끈미끈하면서 엷은 비늘 모양이 된다.

② 나무 젓가락 끝에 묻혀서 들어올리면 끈기가 없다

③ 투명하고 균일한 풀 모양의 용액 된다.

④ 손에 묻힐 때 기름기나 물방울이 느껴지지 않는다.

⑤ 용액 전체가 반투명이고 거품이 있는 상태이다.

⑥ 소량의 알코올을 넣으면 완전히 녹는다.

(5) 비누화 반응이 끝난 용액에 포화 NaCl 용액 3mL를 여러 번에 나누어 넣고 그때마다 5~6분씩 가열한다. 용액이 불투명하게 되어야 한다.

(6) 향료나 염료를 첨가하고, 단단한 종이로 만든 틀에 부어 건조시킨다.

① 깨끗이 씻어 전조한 실험관의 무게를 0.001 g까지 정확히 측정하여 기록한다.

② 순수한 아세트산 10 ml를 실험관 넣은 다음 다시 무게를 0.001 g까지 정확히 측정한다. 아세트산의 무게를 kg으로 환산하여

③ 시험관에 마개를 하고 여기에 온도계와 젓게 장치를 그림과 같이 넣는다. 온도계의 밑 부분은 시험관 밑바닥으로부터 1 cm 정도

실험 B. 합성 세제 만들기

(1) 100mL 비커에 1-도데칸올 1g과 진한 황산 1.6ml를 넣는다.

(2) 다른 100mL 비커에 6M NaOH 4 mL와 페놀프탈레인 용액 1방울을 넣어서 섞는다. 이 용액을 (1)에서 준비한 비커에 천천히 부어 넣는다. 용액을 계속 저어주어야 하고, 페놀프탈레인의 붉은 색이 없어질 때까지 넣는다. 이산화황 기체가 발생하기 때문에 실험실의 환기가 잘 되도록 하고 후드에서 실험하는 것이 좋다.

(3) 하얀색의 거품이 생길 때까지 저어준 후에 공기 중에서 세제가 굳을 때까지 기다린다.

(4) 증류수화 염화칼슘을 녹인 물에 같은 양의 세제를 풀어서 거품이 생기는 정도를 비교한다.

주의사항

(1) 이 실험에서 만든 비누를 화장지에 얇게 펴서 건조시키면 종이비누가 된다.

(2) 이 실험에서 만든 비누 20g에 에탄올 15mL, 글리세린 25mL 물 15mL를 넣어주면 용액이 투명하게 된다. 전체 부피가 절반 정도로 줄어들 때까지 가열해서 용매를 증발시키면 투명비누를 만들 수 있다.

(3) 비누를 회수하고 남은 용액을 염산으로 중화시키고 불순물을 걸러낸 다음 에탄올 20mL를 넣고 잘 저어준 후에 증발시키면 글리세롤(글리세린)을 회수할 수 있다.

35 비누화 반응

결과보고서

학 과 : 학 번 : 이 름 :

실험조 : 실험일 :

1. 측정결과

(1) 비누의 품질 검사

항목	성질	결과
1	금이 가거나 부숴지기 쉽다	
2	비누 표면에 서릿발이 있다.	
3	비누를 알코올에 용해하고 페놀프탈레인 용액을 떨어뜨려적색이 되는가? 혹은 진한 적색이 되는가?	
4	너무 무겁거나 단단하지는않은가?	
5	거품이 많이 나는가?	

2. 논의

(1) 식물유(대두유)의 검화가를 찾아보고 이 검화가로 부터 수산화소듐의 양을 구하라.

(2) 염석에 대한 예를 들어 설명하여라.

(3) 생분해성 세제는 어떤 것을 말하는가?

(4) 비누와 합성세제는 어떤 차이점이 있는가?

(5) 센물에 비누가 잘 풀리지 않는 이유가 무엇인가?

36 나노 화합물의 합성

실험목적

금 나노 화합물을 합성하여 보고 이들이 크기에 의존하는 성질과 이에 다른 물질을 첨가할 때 나타나는 현상에 대해 알아보고자 한다.

원리

물질의 물리적 화학적 성질들은 특정 물질의 사이즈에 따라 달라질 수 있다. 금(gold) 금속입자 하나의 크기가 가시광선(400-750nm)의 파장과 유사할 때, 이 금 입자는 빛과 흥미로운 방법으로 상호작용을 한다. 금 나노입자 용액의 색깔은 나노입자들의 크기와 모양에 의해 결정된다. 한 가지 비유를 들어보겠다. 물로 반쯤 채워진 유리병에 수저를 두드리면 소리가 난다. 병에 있는 물의 양을 달리하면 수저로 두드릴 때의 소리의 음색이 달라진다. 이 말은 소리의 음색은 물의 부피에 의해 결정된다고 할 수 있다. 이와 유사하게 나노입자의 부피 (즉 크기)와 모양은 이 입자와 빛이 어떤 식으로 상호작용을 하는가를 결정짓는다. 결과적으로 나노입자 용액의 색깔을 결정하는 것이다. 예를 들어, 귀금속에서의 큰 금 조각 샘플은 노란색인 반면 나노 크기의 금 입자들이 담긴 용액의 색은 나노입자의 크기에 따라 천차만별의 다양한 색깔을 나타낸다. 그림 36-1은 금 나노입자의 크기와 모양에 따라 달라지는 색깔 변화를 나타낸 것이다. 여기서 주목해야할 점은 같은 크기의 금이라 할지라도 모양이 달라지면 색이 변화하며, 크기에 따라서는 매우 다양한 색을 가질 수 있다는 점이다. 본 실험에서는 금 나노 입자들의 크기에 의존하는 성질과 이에 다른 물질들이 첨가될 때의 효과들을 살펴보기로 한다.

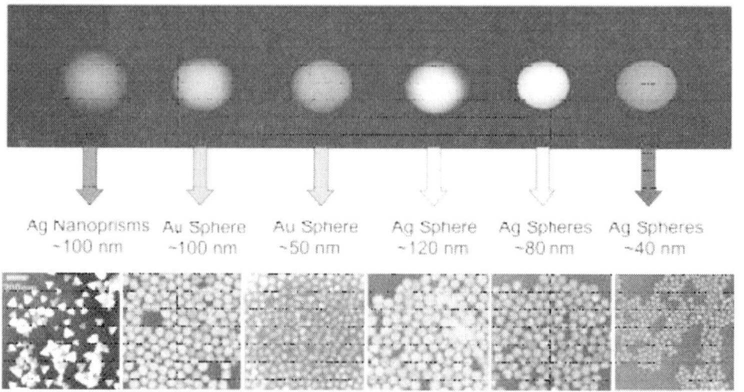

그림 36-1 나노입자의 크기, 종류, 모양에 따른 색깔 변화

본 실험에서 사용하는 sodium citrate는 금 이온을 환원시켜 금속 금 나노입자를 만든다. 용액 속에 존재하는 과잉의 citrate 음이온은 음하전을 금 나노입자에 제공하며 금 금속 표면에 붙어있다. 아래 그림은 약 13 nm 직경의 금(Au) 나노입자의 확대그림과 금 나노입자 표면을 나타낸 것이다. 이처럼 각각의 나노입자는 (500,000 이상의) 수많은 금 원자들로 구성되며 시트리트 음이온(citrate anions)이 나노입자 표면을 둘러싸고 있다.

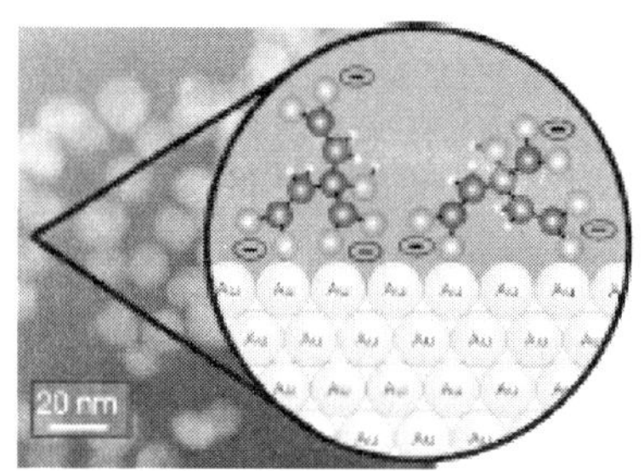

실험기구 및 시약

실험기구 : 실험기구: 50ml 삼각플라스크, 50ml 비이커, 마그네틱 바, 교반가열기, 250 ml 비이커 1개, 온도계 2개, 피펫, 클램프 장치, 젓게 장치 혹은 마그네틱 바, 6ml 이상의 유리 용기 4개 혹은 비이커 4개, 저울, 스포이드, 눈금 실린더, 레이저 포인터, 시험관 (지름 20~25 mm, 길이 150~200 mm),

Uv-Vis 분광기

시　　약 : 1.0 mM의 $HAuCl_4$ 용액, 38.8 mM의 $Na_3C_6H_5O_7$ (sodium citrate) 용액, 증류수, 소금(NaCl), 설탕(sucrose), 식초

실험방법

A. 13nm 직경의 금 나노입자 만들기

(1) 1.0mM $HAuCl_4$ 20ml를 50ml 삼각 플라스크 혹은 비커에 넣고 교반가열기(stirring hot plate)에 올려놓는다.

(2) 1의 삼각플라스크에 마그네틱 바(magnetic stir bar)를 넣고 용액을 끓인다.

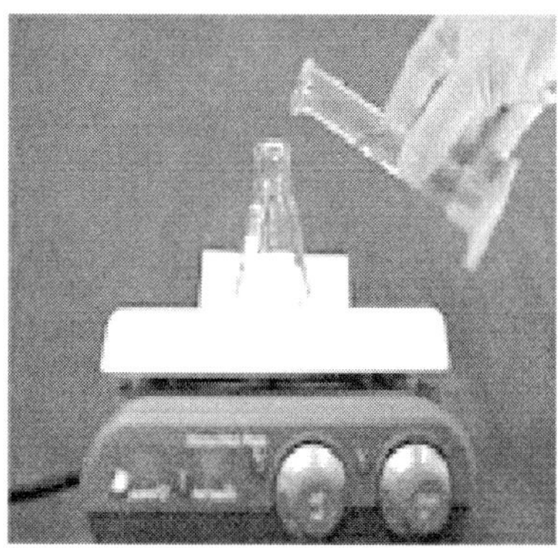

(3) 용액이 끓기 시작하면 1% trisodium citrate dihydrate, $Na_3C_6H_5O_7.2H_2O$ 용액 2 ml를 첨가한다.

(4) 용액의 색이 변할 때까지 계속해서 용액을 저어주면서 끓인다. 용액의 총 부피가 22ml가 유지되도록 증류수를 첨가하면서 끓여준다.

(5) 색이 붉어지면, 교반가열기를 끄고 용액을 식힌다.

B. 화학 센서로의 나노입자

(1) 50ml 비이커에 소금(NaCl)을 0.5g 넣고 10ml의 증류수를 넣는다.

(2) 50ml 비이커에 설탕(sucrose)을 2g 넣고 10ml의 증류수를 넣는다.
(3) 4개의 작은 유리용기(6ml이상의 시약용기 혹은 비커)에 준비한 금 용액 3ml씩 넣는다. 여기에 3ml의 증류수를 넣는다.
(4) 각각의 용기에 소금용액과 설탕용액을 한 번에 한 방울 씩 5-10방울씩 첨가한다.
(5) 또 다른 용기의 금 용액에 식초를 5-10방울 첨가한다.
(6) 앞의 용액들에 레이저 빛을 투과시켜 본다.

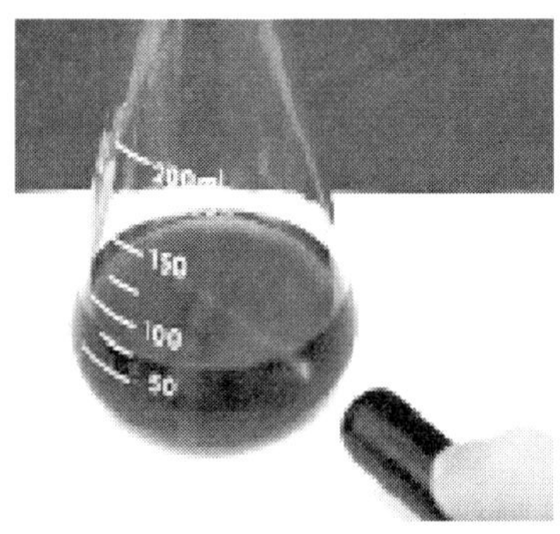

(7) Uv-Vis 분광계를 이용하여 각 용액의 스펙트럼을 찍어보자.

주의사항

(1) 레이저 포인터를 사용할 경우 사람에게 직접 레이저 빛을 비추어서는 절대 안 된다.
(2) A의 4과정에서 너무 오래 끓여 용액을 태우지 않게 주의하고 화상을 입지 않도록 조심한다.
(3) Uv-Vis 분광계 사용 시 200nm에서 900nm 영역의 빛을 사용하여 용액의 흡광도 혹은 투광도를 측정한다. 이 때 증류수를 기준용액으로 사용한다.

36 나노 화합물의 합성 결과보고서

학 과 : 학 번 : 이 름 :

실험조 : 실험일 :

1. 실험결과

(1) A과정에서 1% trisodium citrate dihydrate를 금 이온을 담은 용액에 첨가하여 끓여주면 시간이 경과함에 따라 어떠한 변화가 일어나는가?

(2) 3개의 작은 용기에 설탕, 소금, 식초를 첨가하였을 때 나타나는 변화를 기록하고 레이저 빛을 투과시켰을 때 차이점을 설명하여라.

	소금 첨가 시	설탕 첨가 시	식초 첨가 시
실험-1			
실험-2			
레이저 빛 사용 시			

(3) 앞의 2의 결과가 나타나는 이유를 용액속의 나노 입자들에게 무슨 일이 일어났는지의 관점에서 설명하시오.

(4) 각각의 용액의 Uv-Vis 스펙트럼을 아래에 첨부하시고, 이와 같은 결과와 앞에서 관찰한 색 변화가 어떤 관계를 갖는 지 설명하시오.

2. 생각해 볼 문제

(1) 각각의 나노 입자를 둘러싼 시트리트 음이온을 생각해 보며, 원래의 용액에서 왜 금 나노입자 들이 뭉치지 않는 지 생각해 보자.

(2) 왜 설탕을 넣을 때와 소금을 넣을 때가 다른 결과가 나타나는가? 그 이유를 설명하여라.

(3) 어떻게 이와 같은 효과가 서로 결합하거나 혹은 다른 분자와 결합하는 DNA와 같은 생체분자를 감지하는데 사용될 수 있을 지 생각해 보자. 어떻게 이와 같은 분자들을 나노입자들의 뭉침에 사용할 수 있겠는가?

37 이산화탄소의 승화열 측정

실험목적

드라이아이스(고체 이산화탄소)의 승화열을 측정한다.

드라이아이스(고체 이산화탄소)의 승화열츨 측정하여 열에너지, 승화, 엔탈피 등의 개념에 대해 이해한다.

원리

열량계는 열의 출입이 없는 닫힌계(closed system) 혹은 고립계로 생각할 수 있다. 이러한 계 내에서는 물이 빼앗긴 열량과 이산화탄소가 승화하기 위해 흡수한 열량이 같다. 우리가 얻으려는 것은 이산화탄소의 승화열이므로 물이 빼앗긴 열량을 구하면 된다. 물이 빼앗긴 열량은 물의 비열과 실험에 사용한 물의 질량, 그리고 드라이아이스 첨가에 따른 온도변화를 알게되면 구할 수 있다.

(1) 열에너지

에너지의 한 형태. 온도가 다른 두 물체가 접촉할 때 온도가 높은 부분에서 낮은 부분으로 입자의 운동에 의해 이동하는 에너지를 열에너지라고 한다.

열 에너지는 비평형상태의 계의 에너지와는 달리 유용한 일로 쉽게 전환될 수 없다. 예를 들어 흐르는 유체 또는 운동하는 고체는 풍차나 수차와 같은 기계장치에 의하여 일로 전환될 수 있으나, 열역학적 평형에 도달해 있는 동일한 유체나 고체는 같은 에너지(열 에너지)를 갖고 있다고 할지라도 열기관의 예와 같이 상이한 온도를 가진 또 다른 물질과 결합되지 못하면 일을 할 수 없다. 어떤 계에 외부로부터 열에너지가 주어지면 그 에너지에 해당하는 만큼 계의 내부에너지 (계의 상태만으로 결정되는 양)가 증가한다. 그러나 열에너지에 의한 것과 동등한 내부에너지의 변화를 계에 대한 일에 의해서도 줄 수 있으므로 열에너지는 계의 상태에 따라 결정되는 양은 아니다. 미시적 견지에서 열은 분자계의 복잡한 운동이라고 생각할 수 있으며, 에너지의 여러 형태 중 가장 열화(劣化)한(이용하기 어려운) 형태의 것이다.

(2) 상 변화

물질은 흔히 기체, 액체, 또는 고체로 존재한다. 물질을 구성하는 분자들 사이에는 인력이 작용하고 있으며, 인력의 크기는 물질에 따라 매우 다양하다. 또한 분자들은 온도에 따라서 결정되는 열에너지를 가지고 있다. 즉, 높은 온도에 있는 분자들은 큰 운동에너지를 가지고 있고, 운동에너지를 잃어버리게 되면 물질의 온도가 낮아진다.

따라서 높은 온도에 있는 물질은 분자의 운동에너지가 분자들 사이에 작용하는 인력보다 대단히 크기 때문에 분자들이 마음대로 돌아다니는 기체로 존재하게 되 고, 온도가 낮아지면 분자의 운동에너지가 분자들 사이에 인력을 이기지 못하기 때문에 분자들이 인접하여 존재하는 액체 또는 고체가 된다.

(3) 이산화탄소의 승화

이산화탄소는 상온, 상압에서 기체로 존재하는 무색, 무미의 물질로 독특한 특성을 가지고 있다. 이산화탄소는 압력이 5.11기압 이상이 되어야만 액체로 존재할 수 있고, 압력이 낮을 때는 기체, 또는 고체로만 존재할 수 있다. 흔히 드라이아이스 라고 부르는 고체 이산화탄소는 −78.5 ℃가 되어야만 증기압이 1기압이 되기 때문에 상온에서 드라이아이스는 고체가 액체를 거치지 않고 바로 기체로 변하는 승화 현상이 관찰된다. 드라이아이스는 승화할 때 주위로부터 상당한 열을 흡수하기 때문에 온도를 낮추기 위한 냉매로 많이 사용된다.

(4) 열량계와 물의 비열을 이용한 이산화탄소의 승화열 측정

화학변화가 일어날 때 흡수되거나 방출되는 열을 측정하는 장치를 열량계 라고 한다. 열의 양을 정밀하게 측정하는 데 사용되는 열량계는 상당히 복잡하지만, 이 실험에서는 우리 주변에서 흔히 볼 수 있는 스티로폼으로 만든 용기를 사용한다. 용기에 담긴 물 속에서 일어나는 화학 변화에서 열이 방출되거나 흡수되면 물의 온도가 변화하고, 물의 온도변화와 물의 양으로부터 방출되거나 흡수된 열의 양을 간단히 계산할 수 있다. 15 ℃와 55 ℃ 사이의 온도에서 물 1 g의 온도를 1 ℃높이는 데는 4.18 J의 열이 필요하다. 스티로폼은 단열 특성이 우수하기 때문에 용기에 담긴 물의 온도는 용기 속에서 일어나는 화학변화 만에 의해서 변한다고 볼 수 있다.

실험기구 및 시약

스티로폼 컵(200 mL) 6개, 스티로폼 판 (두께 약 15 mm) , 온도계, 저울, 드라이아이스

실험방법

A. 뜨거운 물을 사용하는 방법

(1) 물 250 mL를 50 ℃ 정도로 가열한다.

(2) 200 mL 스티로폼 컵 3개를 겹쳐 열량계를 만들고 질량을 측정한다.

(3) 드라이아이스 (약 50 g 정도)를 수건이나 종이타월 속에 넣은 다음 작은 망치로 두드려 아주 잘게 부순다.

(4) (2)와 같은 방법으로 컵 3개를 겹쳐 열량계를 만들고 질량을 측정한다. 이렇게 준비한 컵에 드라이아이스 15 g 정도를 넣은 다음 정확한 드라이아이스의 무게를 알기위해 (드라이아이스+컵)의 질량을 측정한다.

(5) (1)에서 준비한 뜨거운 물 60 mL 정도를 2)의 열량계에 넣고 (뜨거운 물+컵)의 질량을 측정하면서 뜨거운 물의 온도를 기록한다.

(6) (4)의 드라이아이스를 5)에서 준비한 뜨거운 물이 담긴 열량계 컵에 바로 집어넣고 잘 저어준다.

(7) 약 5분 정도 기다리면 드라이아이스가 모두 없어지고 소용돌이도 없어진다. 이때 온도계를 넣어 정확한 온도를 측정한다. 최종 온도는 온도가 더 이상 내려가지 않을 때의 온도이다.

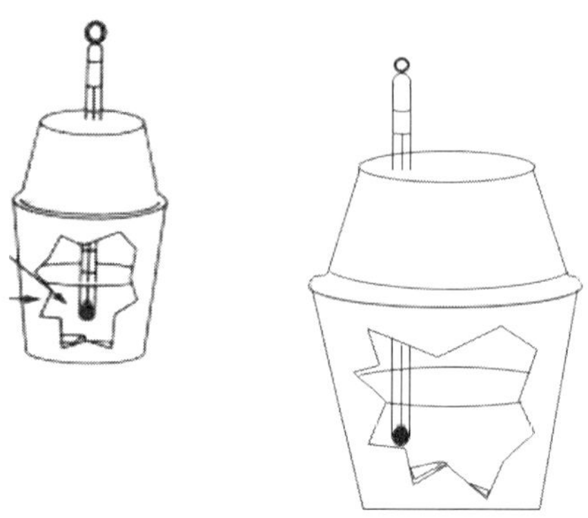

그림 37-1 스티로폼 열량계

B. 차가운 물을 사용하는 방법

(1) 실험 A에서와 같이 3개의 스티로폼 컵을 겹쳐 열량계를 만든다.

(2) 15 mm 두께의 스티로폼 판을 가로와 세로가 10 cm 정도 되도록 잘라서 뚜껑을 만들고, 깔때기와 온도계를 넣을 수 있도록 구멍을 만든다.

(3) 작은 풍선을 깔대기에 매달아 열량계를 완성한다. 열량계가 넘어지지 않도록 온도계를 수직으로 세우고 컵 속에 100 mL 정도의 물이 들어 있을 때 풍선의 절반 정도가 물 속에 들어갈 수 있어야 한다.

(4) 이렇게 완성한 열량계의 질량을 측정한다.

(5) 컵 속에 상온의 물을 100 mL 정도 넣고 다시 질량을 측정한다.

(6) A에서와 같은 방법으로 잘게 부순 드라이아이스 4~8 g의 질량을 정확하게 측정해서 재빨리 깔때기에 부어 넣는다. 드라이아이스가 모두 물속에 잠겨있는 고무풍선 속으로 들어가야 한다. (컵을 저울 위에 올려놓은 상태에서 적당한 양의 드라이아이스를 부어넣고 재빨리 저울의 눈금을 읽어도 된다.)

(7) 온도가 더 이상 내려가지 않을 때까지 컵을 건드리지 말고 기다린다. 온도가 최초로 내려간 다음에 컵을 조용히 흔들어주고 물의 온도를 다시 측정한다.

(8) 같은 실험을 2~3 차례 반복한다.

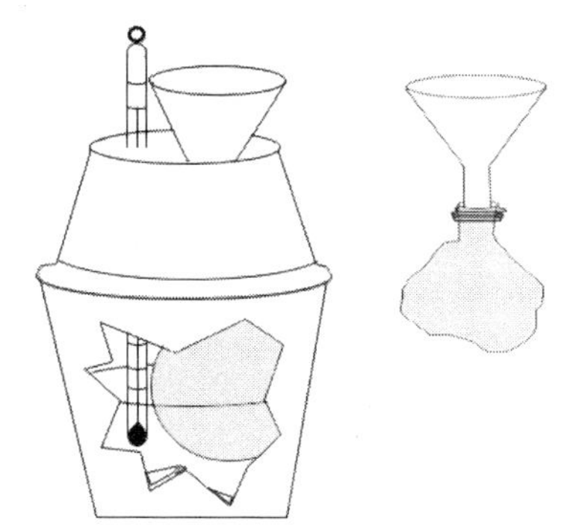

그림 37-2 깔때기에 풍선을 매단 열량계

37 이산화탄소의 승화열 측정 결과보고서

학 과 : 학 번 : 이 름 :

실험조 : 실험일 :

측정결과 처리방법

(1) 컵 속에 넣은 물과 드라이아이스의 양을 계산하고, 이 드라이아이스가 승화되면서 일어나는 온도의 변화를 계산한다.

(2) 이것으로부터 드라이아이스 1 g이 승화할 때 흡수하는 열의 양을 계산한다.

드라이아이스가 흡수한 열의 양 = 물이 방출한 열의 양

물이 방출한 열의 양 Q(J) = 4.18(J/g ℃)×w(g)×ΔT(℃)

드라이아이스가 흡수한 열의 양 =ΔH(승화)×y(g)

CO_2의 승화열에 대한 문헌값은 25.23 kJ/mol 573.3 J/g이나, 실제 실험을 해본 결과로는 441.4 J/g이 나왔다. 그 이유는 드라이아이스를 넣으면 갑작스럽게 기화가 일어나기 때문에 뚜껑을 잘 눌러 이산화탄소가 새어나올 만한 곳은 잘 막아주었어야 하는데, 실험을 하면서 이 부분을 소홀히 해 정확한 실험결과를 얻지 못한 것 같다.

1. 측정 결과

실험	질량		H_2O의 온도	
	H_2O	CO_2	처음	나중
1				
2				
3				

2. 계산된 결과

실험	이동된 열에너지의 양	승화열 (in kJ/mol CO_2)
1		
2		
3		
평균		

3. 고찰

(1) 실험으로 얻은 이산화탄소의 승화열을 문헌 값과 비교하고, 차이가 나는 이유를 설명하시오.

(2) 위에서 시도한 실험방법 외에 이산화탄소의 승화열을 측정할 수 있는 방법들은 또 어떤 것들이 있을까 생각해 보세요.

(3) 준비된 열량계 컵에 50 ℃ 물이 85.0 g 들어있다고 가정하자. 이 물의 온도를 0 ℃로 낮추기 위해 필요한 드라이아이스의 무게는 얼마인가? 계산을 위해 여러분들이 실험에서 얻은 이산화탄소의 승화열 평균값을 이용하시오. 물과 드라이아이스 간의 열 이동 중 열 손실은 없다고 가정하시오.

38 산화-환원 적정

실험목적

산화되거나 환원될 수 있는 물질을 산화제 또는 환원제의 표준용액으로 적정하여 그 소비된 양으로부터 정량하는 방법인 산화-환원 적정의 원리를 이해하고 지시약이 필요없는 과망간산 이온의 자체 색변화로부터 종말점을 찾는 과망간산법을 익힌다.

원리

산화-환원 적정은 산화제 또는 환원제의 표준용액을 써서 시료물질을 완전히 산화 또는 환원시키는 데 소모된 양을 측정하여 시료물질을 정량하는 부피분석법의 하나이다. 산화제는 다른 물질에서 전자를 빼앗아 자신은 환원되고, 환원제는 다른 물질에게 전자를 내주어 자신은 산화된다. 산화-환원 적정법에서의 종말점은 과망간산 적정법에서처럼 지시약을 넣지 않는 경우와, 요오드 적정법과 같이 특정 지시약을 사용하는 경우, 전위값에 따라 산화형과 환원형의 색깔이 다른 산화-환원 지시약을 쓰는 경우 및 전위차 적정법에서와 같이 전기적인 방법으로 결정하는 방법이 있다. 적정에 이용할 수 있는 산화제는 중크롬산포타슘, 황산세륨 및 하이포염소산소듐 등이 있는데 가장 대표적인 것은 과망간산포타슘과 요오드이다.

본 실험에서는 $KMnO_4$가 진한 보라색을 나타내고 환원 생성물은 무색이기 때문에 강산성 용액에서는 $KMnO_4$ 자체가 지시약의 역할을 하므로 지시약 없이 종말점을 알 수 있는 편리한 방법인 과망간산 적정법을 배우기로 한다. 과망간산포타슘 용액의 농도를 결정하는데는 옥살산소듐($Na_2C_2O_4$)을 쓰기로 한다. 과망간산포타슘은 산성 및 염기성에서 모두 산화력이 있으나 보통은 산성용액에서 수행한다. 즉 산성용액에서 MnO_4^- 이온이 Mn^{2+}이온으로 환원되면서 시료를 산화시킨다.

$$MnO_4^- + 8H^+ + 5e^- \rightarrow Mn^{2+} + 4H_2O \tag{1}$$

옥살산소듐은 과망간산포타슘과 반응하여 다음과 같은 산화-환원 반응을 일으킨다.

$$2MnO_4^- + 5C_2O_4^{2-} + 16H^+ \rightarrow 2Mn^{2+} + 10CO_2 + 8H_2O \tag{2}$$

또한, 이 과망간산포타슘으로 과산화수소를 산성 용액에서 다음과 같이 산화시킨다.

$$2MnO_4^- + 5H_2O_2 + 6H^+ \rightarrow 2Mn^{2+} + 5O_2 + 8H_2O \tag{3}$$

산화 환원 반응에서 주의할 점은 당량(equivalence weight)에 관한 개념이다. 과망간산포타슘을 예로 들어보면 (1)에서와 같이 전자수의 변화는 5몰이다. 즉 MnO_4^- 이온 1몰이 전자 5몰을 받아들였으므로 과망간산포타슘 1몰은 5g당량이다. 따라서 이러한 반응에 의하여 산화반응이 일어날 경우 1M $KMnO_4$ 용액의 노르말 농도는 5N이다. 마찬가지로 식 (3)에서 H_2O_2 1몰은 2g당량임을 알 수 있다.

실험기구 및 시약

실험기구 : 250mL 메스플라스크, 250mL 삼각 플라스크(2개), 10mL 피펫(2개), 필러, 갈색 시약병, 온도계, 뷰렛(50mL), 뷰렛 클램프, 물중탕과 전열기, 무게 다는 병(10mL), 고무마개, 100mL 메스 실린더, 화학저울

시　　약 : 0.01M $KMnO_4$ 표준용액, H_2SO_4(1 : 1), 3% H_2O_2, 옥살산소듐($Na_2C_2O_4$)

실험방법

1. 0.01M KMnO4 용액의 농도 결정(표준화)

(1) 0.01M $KMnO_4$ 용액을 갈색병에 보관하고, 필요한 양을 뷰렛에 넣고 그 눈금을 기록한다.

(2) $Na_2C_2O_4$ 약 0.3g을 취하여 정확하게 무게를 측정한다.

(3) 이 옥살산소듐을 250mL 메스 플라스크에 넣고 소량의 증류수로 완전히 용해시킨 후 눈금까지 증류수를 채운 다음 잘 섞어준다.

(4) 피펫으로 이 용액 10mL를 취하여 삼각 플라스크에 넣고 전체 용량이 약 70mL가 되도록 희석시킨 후 황산(1:1) 2mL를 가한다.

(5) 이 삼각 플라스크를 70~80℃로 유지된 물중탕에 담그어 놓고 잘 흔들면서 뷰렛으로부터 $KMnO_4$ 용액을 한 방울씩 떨어뜨린다.

(6) $KMnO_4$ 용액 한 방울에 의하여 분홍색이 약 30초 동안 나타나는 점을 종말점으로 한다.

(7) 이상의 실험을 2번 반복하여 평균값을 구하고, 이 값으로부터 $KMnO_4$ 용액의 정확한 농도를 다음 식에 따라 구한다.

$$M_T = \frac{2}{5} \cdot \frac{\left(\frac{W_A}{M_A} \cdot \frac{v_A}{V_A}\right)}{V_T}$$

여기서 M_T : $KMnO_4$용액의 몰농도

W_A : 옥살산소듐의 무게(g)

M_A : 옥살산소듐의 분자량

V_A : 옥살산소듐 용액의 전체부피(mL)

v_A : 실제로 적정에 사용한 옥살산 용액의 부피(mL)

V_T : 적정에 소비된 $KMnO_4$ 용액의 부피(mL)

2. H_2O_2 용액의 농도 결정

(1) 농도를 모르는 과산화수소 2mL를 피펫을 사용하여 100mL 메스 플라스크에 넣고 눈금까지 증류수로 채워 잘 흔든다.

(2) 이 용액 10mL를 정확히 취하여 삼각 플라스크에 옮긴 다음, 여기에 증류수를 가하여 전체 액체의 양이 100mL가 되도록 한 후 황산(1 : 1) 약 2mL을 가한다.

(3) 0.01M $KMnO_4$ 표준용액을 한 방울씩 조심스럽게 천천히 떨구어 적정한다.

(4) 적정 용액 한 방울에 의하여 분홍색이 약 30초 동안 나타나는 점을 종말 점으로 한다.

(5) 이상의 실험을 2번 반복하여 평균값을 구하고, 이 값으로부터 과산화수소 용액의 정확한 농도를 구한다.

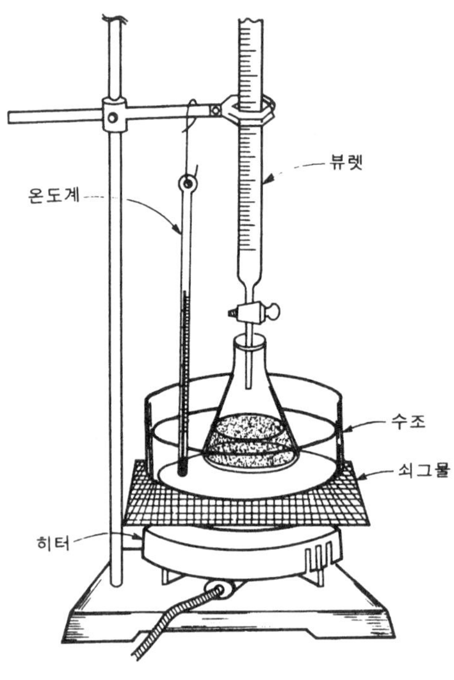

그림 38-1 산화-환원 적정 장치

주의사항

(1) $KMnO_4$ 용액은 햇빛에 두면 어느 정도 분해가 되므로 갈색병에 보관하여 농도변화를 방지한다.

38 산화 - 환원 적정 결과보고서

학 과 : 학 번 : 이 름 :

실험조 : 실험일 :

1. 측정결과

(1) $KMnO_4$ 용액의 농도 결정

소비된 과망간산포타슘 용액의 부피 1회 ____________ mL

2회 ____________ mL

평균 ____________ mL

(2) 과망간산 적정법에 의한 과산화수소 용액의 농도 결정

소비된 과망간산포타슘 표준용액의 부피 1회 ____________ mL

2회 ____________ mL

평균 ____________ mL

2. 실험결과

(1) $KMnO_4$ 용액의 농도 결정

옥살산소듐의 무게 ____________ g

과망간산포타슘 용액의 농도 계산식 ______________________________

과망간산포타슘 용액의 농도 ____________ M

(2) H_2O_2 용액의 농도 결정

3% 과산화수소의 비중 ____________

취한 과산화수소 용액의 부피 ____________ mL

취한 과산화수소 용액의 무게 ____________ g

과산화수소의 농도 계산식 ______________________________

과산화수소의 농도 ____________ M

3. 논의

(1) 위의 실험에서 농도를 결정할 때의 온도를 60℃정도로 유지하는 이유가 무엇인지 쓰시오.

(2) 과망간산포타슘 적정을 산성용액에서 할 때 염산이나 질산을 사용하지 않고 황산용액을 쓰는 이유를 설명하시오.

39 전기화학적 서열과 화학전지

실험목적

전지를 구성해 봄으로써 전지의 기본원리를 이해하고 전지의 전위차와 금속의 산화-환원 경향과의 관계를 알아본다.

원리

자발적인 산화-환원 반응에서 이동하는 전자를 외부 회로를 따라 흐를 수 있도록 만든 장치를 화학 전지(chemical cell)라고 한다. 즉 어떤 원자가 전자를 잃어버리는 반응인 산화(oxidation)와 전자를 얻는 반응인 환원(reduction)은 동시에 일어나는데, 이 때 이동하는 전자를 도선에 흐르게 하면 전류가 흐르게 된다. 이와 같은 원리를 이용하여 산화-환원 반응에 의하여 자발적으로 전류를 발생시키는 장치를 볼타전지(voltaic cell), 혹은 갈바니 전지(galvanic cell)라고 한다. 이 전지에서 흐르는 전류의 방향과 전위는 산화-환원 반응에 참여하는 화학물질의 성질과 농도에 따라 변한다. 따라서 화학전지의 전위와 전류의 흐르는 방향으로 물질의 종류와 농도를 알 수 있다.

전지는 반쪽전지 2개로 구성되며, 하나의 반쪽전지는 산화제, 다른 반쪽전지는 환원제의 구실을 한다. 이 반쪽전지들은 각각 그 성분의 산화된 형태와 환원된 형태의 접촉으로 이루어진다. 그림 39-1에서와 같이 아연 반쪽전지는 아연 이온과 금속 아연으로, 구리 반쪽전지는 구리 이온과 금속 구리의 접촉으로 구성되어 있으며, 아연 이온과 구리 이온은 염다리 또는 다공성 간막이로 연결시킨다. 아연 반쪽전지에서와 같이 산화반응이 일어나는 전극을 산화전극(anode)이라 하고, 구리 반쪽전지에서와 같이 환원반응이 일어나는 전극을 환원전극(cathode)이라고 하며, 두 반쪽전지 반응은 다음과 같이 나타낼 수 있다.

$$\text{산화전극} : Zn(s) \rightarrow Zn^{2+} + 2e^-$$

$$\text{환원전극} : Cu^{2+} + 2e^- \rightarrow Cu(s)$$

전지의 전압은 두 전극 각각의 반쪽전위가 나타내는 전위차이다.

$$E_{cell} = E_{cathode} - E_{anode}$$

따라서 전지의 전압은 전극으로 사용하는 금속사이의 산화-환원 경향의 차가 클수록 크다.

실험기구 및 시약

실험기구 : 납판, 아연판, 구리판(각각 1 cm×7 cm 크기로), 염다리, 구리도선(50m), 직류전압계(0.01Volt 단위, 2Volt, $10^5\Omega$/Volt), 사포(sand paper) 500번, 비커(100mL) 3개

시　　약 : 1M $Pb(NO_3)_2$, 1M $Zn(NO_3)_2$, 1M $Cu(NO_3)_2$

실험방법

(1) 세가지(납판, 아연판, 구리판) 금속판들을 사포로 문질러 녹, 기름기 등을 제거한다.

(2) 1M $Zn(NO_3)_2$, 1M $Cu(NO_3)_2$와 1M $Pb(NO_3)_2$ 용액을 40mL씩 100mL 비커에 담는다.

(3) 세가지 용액에 각 금속을 담그어 화학반응이 일어나는가 살펴보고 각각의 산화제 또는 환원제의 세기의 순서를 결정하여 기록한다.

(4) 위에 사용한 1M $Zn(NO_3)_2$와 1M $Cu(NO_3)_2$ 용액을 사용하여, 그림 39-1에서와 같이 장치한 다음 이 전지의 전압을 측정한다.

(5) 전압을 측정할 때 전류의 흐르는 방향을 살펴보아 산화전극과 환원전극을 가려낸다.

(6) 금속 조합(예 : Cu-Pb, Zn-Pb 등)을 달리하여 각각의 해당 용액을 사용하여 같은 실험을 반복한다.

(7) 부록에 있는 각 반쪽전지의 표준환원 전위값으로부터 얻어지는 이론값과 측정값을 비교하여 오차(%)를 구한다.

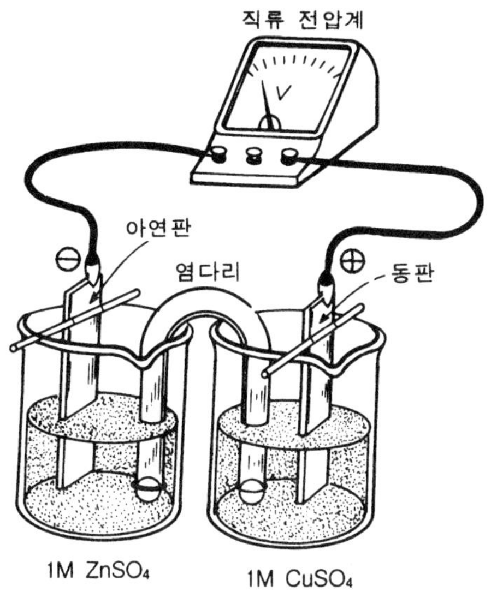

그림 39-1 전지의 구성

주의사항

(1) 각 용액에 금속판을 담그었다가 꺼낼 때마다 사포로 문질러 닦고 물로 씻어 말린 후 다른 비커에 넣는다.

(2) 물 100g에 한천 2g을 넣고 가열한 후 이 용액에 KNO_3 20g을 녹이고 U자 관에 넣어 냉각(응고)시켜 염다리를 만든다.

39 전기 화학적 서열과 화학전지 결과보고서

학 과 : 학 번 : 이 름 :

실험조 : 실험일 :

1. 측정결과

(1) 세가지 금속을 각각 다른 두 가지 금속질산염 용액에 담그었을 때 화학반응의 유무를 표시하시오.

	1	2	3	4	5	6
조 합	$Cu-Zn^{2+}$	$Cu-Pb^{2+}$	$Pb-Cu^{2+}$	$Pb-Zn^{2+}$	$Zn-Cu^{2+}$	$Zn-Pb^{2+}$
반응유무						

(2) 각 조합으로 된 전지의 측정 전위차값

	Cu-Zn	Pb-Zn	Pb-Cu
측정값			

2. 실험결과

(1) 금속과 전해질의 반응으로부터 각 금속의 이온화 경향을 크기순으로 배열하시오.

(2) 부록의 표준환원전위 값으로부터 각 전지의 전위차를 계산하고 실험에서의 측정값과 비교하시오.

	Cu-Zn	Pb-Zn	Pb-Cu
측정값			
계산값			
오차(%)			

(3) 각 전지에서 일어난 산화-환원 반응식을 완결하시오.

40 전기분해에 의한 도금

실험목적

전기를 사용하여 순수한 물질을 얻는 방법인 전기분해를 황산구리 용액과 구리전극 및 흑연전극을 사용하여 실습하고, 석출된 금속의 무게와 흐른 전기량을 측정하여 Faraday 법칙을 관찰한다.

원리

환원전위가 작은 금속 A를 환원전위가 큰 금속 B의 염 용액에 담그면 B금속이 A금속의 표면에 석출하고, 석출량과 같은 당량의 A금속이 산화되어 이온으로 변하면서 용액 속으로 녹아 들어간다. 그러나 반대로 A금속의 염 용액에 B금속을 담그면 반응이 일어나지 않는다. 예를 들면, 황산아연 용액에 철판을 담그면 화학변화는 일어나지 않는다. 그러나 철판을 환원전극(cathode)으로 하고, 비활성금속 또는 아연판을 산화전극(anode)으로 하여 일정전압(분해전압)보다 높은 전압을 걸어주고 전류를 통하면 철판에 금속 아연이 석출한다.

이와 같이 외부에서 알맞는 전압으로 전류를 통하여 주어 전극 표면에서 전해질이 화학변화를 일으키게 하는 것을 전기분해(electrolysis) 또는 전해라고 한다. 즉, 금속의 산화-환원 반응을 이용하여 외부에서 가해준 전기에너지를 화학에너지로 바꾸어 물질을 분해, 석출하는 것이 전기분해이다. 이 때 석출되는 물질의 무게는 통해준 전기량에 비례하며, 일정한 전기량에 의해 석출되는 물질의 무게는 그 물질의 당량에 비례한다. 이 법칙을 Faraday의 법칙이라고 한다. 1그램당량의 물질을 전기분해하는 데는 96,500 쿨롱(Coulomb, C)의 전기량이 필요한데 이 전기량을 1패러데이(F)라고 부르며, 이것은

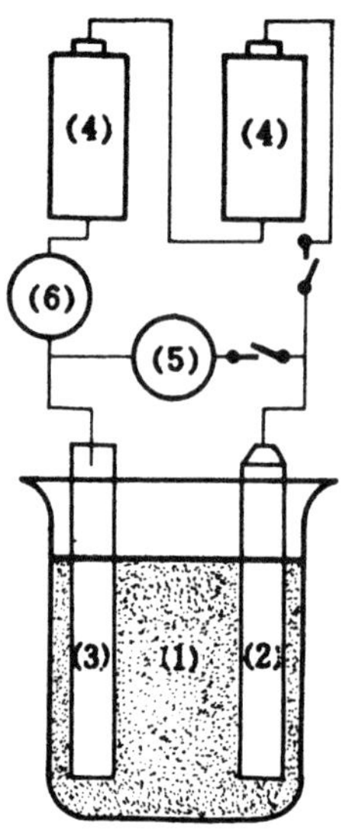

(1) 0.1 M CuSO. 용액 (2) 탄소전극
(3) 구리전극 (4) 건전지
(5) 전압계 (6) 전류계

그림 40-1 전기분해 장치

전자 1몰에 해당하는 전기량이다. 그러므로 전기분해 실험에서 생성되는 물질의 무게는 그 물질의 당량과 통해준 전기량(Faraday 수)으로부터 구할 수 있으며, 또한 이와 반대로 통해준 전기량은 생성되는 물질의 당량수로부터 계산할 수 있다.

실험기구 및 시약

실험기구 : 각각 1×7 cm 크기의 Cu판, 탄소전극, 구리도선, 사포(500번), 출력이 4.5V이상인 D.C Power Supply (또는 1.5V 건전지 6개), 전압계(0~5Volt), 전류계, 비커(100mL) 1개, 시험관, 집게달린 전선, 화학저울, 피펫, 필러

시 약 : 0.1M, 0.01M, 0.001M $CuSO_4$, 10% NH_3

실험방법

(1) 구리판과 탄소전극을 사포로 깨끗이 닦아 구리판의 무게를 단다.

(2) 100mL 비커에 0.1M $CuSO_4$ 용액 100mL를 넣고 그림 40-1과 같이 전기분해 장치를 꾸민다.

(3) 회로를 연결하고 5분 간격으로 전압과 전류를 읽어 보고서에 기입한다.

(4) 정확히 40분 후 구리판을 꺼내어 말려서 그 무게를 단다.

(5) 4개의 시험관에 0.1M, 0.01M, 0.001M 황산구리 용액을 5mL씩 넣는다.

(6) 여기에 10% 암모니아수 3mL씩을 가하여 잘 흔들어 섞으면 짙은 푸른색이 나타난다.

(7) 전기분해되고 남아 있는 황산구리 용액 5mL를 취하여 위와 같이 10%의 암모니아수 3mL를 가한 후 비교하여 농도를 추정한다.

주의사항

(1) 전류계는 내부저항이 작을수록 좋고, 전압계는 내부저항이 큰 멀티미터(multimeter)를 사용하면 좋다.

(2) 건전지는 사용함에 따라 내부저항이 커져서 전압이 낮아지므로 일정 전압원을 사용하면 좋다(D.C Power Supply).

40 전기분해에 의한 도금

결과보고서

학 과 : 학 번 : 이 름 :

실험조 : 실험일 :

1. 측정결과

(1) 금속의 석출

전기분해 전의 구리판의 무게 ____________ g

전기분해 후의 구리판의 무게 ____________ g

석출된 구리의 무게 ____________ g

(2) 전압과 전류의 변화

시 간	0분	5분	10분	15분	20분	25분	30분	35분	40분
전 압									
전 류									

2. 실험결과

(1) 석출된 구리의 무게를 사용하여 흐른 전기량을 계산하시오.

(2) 1에서 구한 전기량으로부터 전류를 계산하고 실험값과 비교하시오

(3) 전기분해할 때에 두 극에서 일어나는 산화-환원 반응식을 쓰시오.

41 물의 전기분해

실험목적

수소가 발생하는 전기분해 실험을 통해 전기화학 반응에서 전류와 생성물의 양 사이의 정량적인 관계를 익히고 기체법칙을 이용하여 생성물의 부피를 계산하도록 한다.

원리

전기분해는 산화-환원 반응이 일어나는 용액에 전기를 흘려보냄으로써 이루어지는데 용융된 염화소듐에서 금속 소듐과 염소 기체를 생성하는 등 여러 가지 용도로 사용된다. 패러데이 법칙에 의하면 전기분해에서 생성되는 물질의 양은 흘려준 전류의 양에 비례한다. 1몰의 전자가 가지고 있는 전하의 양을 패러데이 상수라고 하며 그 값은 96,485.31 쿨롱/몰(Coulomb/mole)이다.

1 몰의 전자에 의해 얻어지는 물질의 질량을 당량 (또는 등가 무게, equivalent weight)이라고 한다. 따라서 다음 식에 의해 소듐의 당량은 원자질량과 같은 값이고 알루미늄의 당량은 원자질량의 1/3이 된다.

$Na^{+} + 1e^{-} \rightarrow Na$ 당량 = 23.0 g/1mole = 23.0 g

$Al^{3+} + 3e^{-} \rightarrow Al$ 당량 = 27.0 g/3moles = 9.00 g

전기분해에서 얻어지는 물질의 양을 계산하기 위해서는 흘려준 전체 전하의 양(Q)을 알아야 한다. 전류(I)는 1초에 흘러간 전하의 양 (쿨롱)이기 때문에 전체 전하의 양은 다음 식 (1)로 계산할 수 있다. 여기에서 t는 초로 나타낸 시간이다.

$$Q = It \quad (1)$$

옴의 법칙에 의하면 전압이 V, 저항이 R일 때 전압, 저항, 전류의 관계는 식 (2)와 같이 표현된다.

$$V = IR \quad (2)$$

위의 두 식을 합하면 식 (3)이 얻어진다.

$$Q = \frac{Vt}{R} \quad (3)$$

이 실험에서는 전기분해를 하면서 V, R, t를 측정하여 생성된 물질의 당량을 계산하고 그 당량에 해당하는 수소의 부피를 기체법칙으로 계산하도록 한다.

실험기구 및 시약

400 ml 비커, 1.0M H_2SO_4, 뷰렛, 뷰렛 고정용 클램프, 전압계, 직류 파워서플라이, 전선, 절연된 구리선이 달린 3.9Ω 저항, 구리 전극

실험방법

(1) 구리 전극을 사포로 깨끗하게 문지르고 아세톤으로 씻은 후 말린다. 구리 전극의 질량을 정확히 측정한다. 전극을 집을 때는 손으로 직접 잡지 말고 킴와이프스를 이용한다.
실험용 라텍스 또는 비닐장갑을 끼고 다음 그림과 같이 장치를 한다.

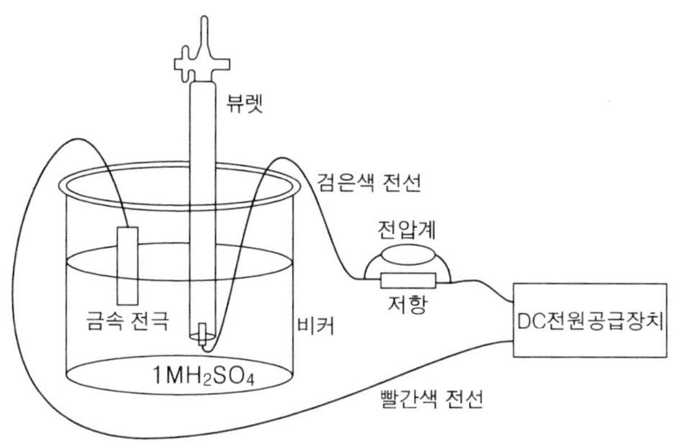

(2) 비커에 1.0M H_2SO_4를 300 ml 넣는다.

(3) 뷰렛을 1.0M H_2SO_4로 채우고 손가락으로 윗부분을 막은 상태에서 그림과 같이 뷰렛을 거꾸로 비커에 집어넣은 후 손가락을 뗀다. 뷰렛 내부는 1.0M H_2SO_4로 채워진 상태이다.

(4) 뷰렛 내부로 공기가 들어가지 않도록 주의하며 뷰렛을 고정시킨다. 이 때 마지막 눈금이 비커의 용액 표면 아래에 위치하도록 그리고 용액의 표면에 뷰렛의 한 눈금이 일치하도록 한다.

(5) 검은색 전선을 이용하여 전원공급장치와 전압계, 그리고 저항을 그림과 같이 연결한다. 검은색 전선의 한 쪽 끝은 전원공급장치의 (-) 쪽에 연결되도록 하고 다른 끝은 뷰렛 내부에 위치하도록 한다. 이 전극에서 수소가 발생한다.

(6) 빨간색 전선을 이용하여 구리 전극과 전원공급장치를 위의 그림과 같이 연결한다.

(7) 전원공급장치를 켜서 전압을 2.0V로 조정한다. 수소기체가 발생하여 뷰렛 내부의 황산 용액을 밀어내기 시작할 것이다.

(8) 뷰렛 내부 황산 용액의 높이가 눈금 0에 도달하면 2분 간격으로 전압을 기록한다.

(9) 뷰렛 내부의 황산 용액이 비커 수면과 일치하는 높이에 도달하면 전원을 끄고 수소의 부피, 황산 용액의 온도, 대기압을 측정한다.

(10) 비커에서 구리 전극을 취하여 증류수와 아세톤으로 씻은 후 말린다. 전극의 질량을 측정한다.

41 물의 전기분해 결과보고서

학 과 : 학 번 : 이 름 :

실험조 : 실험일 :

(1) 대기압과 황산용액의 온도에서 물의 증기압을 이용하여 수소 기체의 분압을 계산하라.

(2) 이상기체 식을 이용하여 수소 기체의 몰 수를 계산하라.

(3) 다음 반쪽 반응식을 이용하여 앞에서 계산된 몰 수의 수소 기체를 얻기 위해 필요한 전자의 몰 수를 계산하라.

$$2H^{+} + 2e- \rightarrow H_2$$

(4) 실험 과정에서 측정한 전압의 평균값을 이용하여 전기분해가 일어나는 동안 흘러간 전하의 양(Q)을 계산하라.

(5) 패러데이 상수를 계산하고 원래의 정확한 값 (96,485 쿨롱/몰)과 비교하라. 오차의 원인이 무엇이라고 생각하는가?

(6) 구리 전극의 질량 변화로부터 산화된 구리의 몰 수를 계산하라.

(7) 구리의 당량을 계산하라.

부 록

1. 국제 단위(SI 단위)
2. 단위 환산표와 기본 물리 상수들
3. 산의 이온화 상수
4. 착이온의 평형상수
5. 용해도곱 상수
6. 표준환원전위
7. 지시약
8. 실험실에서 흔히 쓰이는 시약
9. 주기율표

1. 국제 단위(SI 단위)

1) 기본 SI 단위

물리적 양	단위명	기호
길이	미터(meter)	m
질량	킬로그램(kilogram)	kg
시간	초(second)	s
전류	암페어(ampere)	A
온도	켈빈(kelvin)	K
물질의 양	몰(mole)	mol
빛의 세기	칸델라(candela)	cd

2) 유도 SI 단위

물리적 양	단위명	기호	SI 기본단위 표시
진동수	헤르츠(hertz)	Hz	s^{-1}
힘	뉴톤(newton)	N	$m \cdot kg \cdot s^{-2}$
압력	파스칼(pascal)	Pa	$m^{-1} \cdot kg \cdot s^{-2}$
에너지	주울(joule)	J	$m^{2} \cdot kg \cdot s^{-2}$
일률	와트(watt)	W	$m^{2} \cdot kg \cdot s^{-3}$
전하량	쿨롱(coulomb)	C	$s \cdot A$
전위차	볼트(volt)	V	$m^{2} \cdot kg \cdot s^{-3} \cdot A^{-1}$
전기용량	패러드(farad)	F	$m^{-2} \cdot kg^{-1} \cdot s^{4} \cdot A^{2}$
전기저항	오옴(ohm)	Ω	$m^{2} \cdot kg \cdot s^{-3} \cdot A^{-2}$
전기전도도	지멘스(siemens)	S	$m^{-2} \cdot kg^{-1} \cdot s^{3} \cdot A^{2}$
자기선속	웨버(weber)	Wb	$m^{2} \cdot kg \cdot s^{-2} \cdot A^{-1}$
인덕턴스	헨리(henry)	H	$m^{2} \cdot kg \cdot s^{-2} \cdot A^{-2}$
조명	럭스(lux)	lx	$cd \cdot sr \cdot m^{-2}$

2. 단위환산표와 기본물리 상수들

길 이	무 게
1 m = 39.37 in = 32.81 ft = 1.0936 yd 1 in = 0.0254 m = 2.54 cm 1 km = 0.6214 mile 1 angstrom(Å) = 10^{-10} m = 0.1 nm 1 micron(㎛) = 10^{-6} m 1 mile = 1.609 km	1 g = 0.03527 oz 1 kg = 2.205 lb = 35.27 oz 1 ton = 10^{6} g = 1000 kg 1 lb = 453.6 g 1 oz(ounce) = 28.35 g
부 피	**에 너 지**
1 L = 1.05 qt(quart) = 10^{3} mL = 10^{3} cm^{3} = 61.02 in^{3}	1 J = 10^{7} erg 1 cal = 4.184 J 1 Btu = 252.0 cal = 1054 J = 3.93×10^{-4} hp · hr = 2.93×10^{-4} kw · hr 1 L · atm = 24.2 cal = 101.325 J 1 eV = 1.602×10^{-19} J
압 력	
1 기압(atm) = 101,325 Pa = 760 mmHg = 14.70 1b/in^{2} = 1.013×10^{6} dyn/cm^{2} = 760 torr	

기본 물리 상수들
빛의 속도(c) = 2.998×10^{8} m/sec = 186,272 mile/sec
기체 상수(R) = 0.08205 L · atm/mol · K = 8.314 J/mol · K = 1986 cal/mol · K
= 62.36 L · torr/mol · K
Plank 상수(h) = 6.625×10^{-34} J · sec
Avogadro 수(N_A) = 6.023×10^{23}
전자의 전하량(e) = 1.60219×10^{-19} C
원자질량단위 (amu) = 1.6605×10^{-27} kg
전자 질량 (me) = 9.10953×10^{-31} kg = 0.00054858 amu
Feraday 상수 (F) = 9.648546×10^{4} C/mol
°F = 9/5 × ℃ + 32
K = ℃ + 273.15
ln x = 2.303 log x

3. 산의 이온화 상수

분자식	짝염기	Ka	pKa
$HC_2H_3O_2$	$C_2H_3O_2^-$	1.8×10^{-5}	4.76
H_3AsO_4	$H_2AsO_4^-$	6.0×10^{-3}	2.22
$H_2AsO_4^-$	$HAsO_4^{2-}$	1.0×10^{-7}	6.98
$HAsO_4^{2-}$	AsO_4^{3-}	4×10^{-12}	11.4
$HC_7H_5O_2$	$C_7H_5O_2^-$	6.3×10^{-5}	4.20
H_3BO_3	$B(OH)_4^-$	5.8×10^{-10}	9.24
$H_2CO_3 + CO_2$	HCO_3^-	4.4×10^{-7}	6.35
HCO_3^-	CO_3^{2-}	4.7×10^{-11}	10.33
$HCrO_4^-$	CrO_4^{2-}	3.0×10^{-7}	6.52
$H_3C_6H_5O_7$	$H_2C_6H_5O_7^-$	7.4×10^{-4}	3.13
$H_2C_6H_5O_7^-$	$HC_6H_5O_7^{2-}$	1.7×10^{-5}	4.76
$HC_6H_6O_7^{2-}$	$C_6H_5O_7^{3-}$	4.0×10^{-7}	6.40
$HCHO_2$	CHO_2^-	1.8×10^{-4}	3.76
$^+NH_3CH_2CO_2^-$	$NH_2CH_2CO_2^-$	1.7×10^{-10}	9.78
HCN	CN^-	4×10^{-10}	9.4
HF	F^-	6.7×10^{-4}	3.17
H_2S	HS^-	1.0×10^{-7}	7.0
HS^-	S^{2-}	1.3×10^{-14}	12.9
$HC_3H_5O_3$	$C_3H_5O_3^-$	1.4×10^{-4}	3.86
$HC_2H_2ClO_2$	$C_2H_2ClO_2^-$	1.4×10^{-3}	2.86
HNO_2	NO_2^-	5.1×10^{-3}	3.3
$H_2C_2O_4$	$HC_2O_4^-$	5.4×10^{-2}	1.3
$HC_2O_4^-$	$C_2O_4^{2-}$	5.4×10^{-5}	4.27
H_3PO_4	$H_2PO_4^-$	7.1×10^{-3}	2.15
$H_2PO_4^-$	HPO_4^{2-}	6.3×10^{-8}	7.20
HPO_4^{2-}	PO_4^{3-}	4.4×10^{-13}	12.4
$HC_3H_5O_2$	$C_2H_5O_2^-$	1.3×10^{-5}	4.87
$H_2C_4H_4O_4$	$HC_4H_4O_4^-$	6.2×10^{-5}	4.21
$HC_4H_4O_4^-$	$C_4H_4O_4^{2-}$	2.3×10^{-6}	5.64
HNH_2SO_3	$NH_2SO_3^-$	1.0×10^{-1}	1.0
HSO_4^-	SO_4^{2-}	1.0×10^{-2}	1.99
H_2SO_3	HSO_3^-	1.7×10^{-2}	1.8
HSO_3^-	SO_3^{2-}	6.2×10^{-8}	7.20
$H_2C_4H_4O_6$	$HC_4H_4O_6^-$	1.1×10^{-3}	2.96
$HC_4H_4O_6^-$	$C_4H_4O_6^{2-}$	4.3×10^{-5}	4.37

4. 착이온의 평형상수

평 형	Kd
$Ag(NH_3)_2^+ \Leftrightarrow Ag^+ + 2\ NH_3$	6.3×10^{-8}
$Co(NH_3)_6^{2+} \Leftrightarrow Co^{2+} + 6\ NH_3$	2.9×10^{-5}
$Ni(NH_3)_6^{2+} \Leftrightarrow Ni^{2+} + 6\ NH_3$	5.7×10^{-9}
$Cu(NH_3)_4^{2+} \Leftrightarrow Cu^{2+} + 4\ NH_3$	8.5×10^{-13}
$Zn(NH_3)_4^{2+} \Leftrightarrow Zn^{2+} + 4\ NH_3$	1.4×10^{-9}
$Cd(NH_3)_4^{2+} \Leftrightarrow Cd^{2+} + 4\ NH_3$	1.9×10^{-7}
$HgCl_4^{2-} \Leftrightarrow Hg^{2+} + 4\ Cl^-$	8.3×10^{-16}
$Ag(CN)_2^- \Leftrightarrow Ag^+ + 2\ CN^-$	1×10^{-20}
$Ni(CN)_4^{2-} \Leftrightarrow Ni^{2+} + 4\ CN^-$	1×10^{-22}
$Cu(CN)_3^{2-} \Leftrightarrow Cu^+ + 3\ CN^-$	2.6×10^{-29}
$Cu(CN)_4^{3-} \Leftrightarrow Cu^+ + 4\ CN^-$	5×10^{-31}
$Zn(CN)_4^{2-} \Leftrightarrow Zn^{2+} + 4\ CN^-$	1×10^{-19}
$Cd(CN)_4^{2-} \Leftrightarrow Cd^{2+} + 4\ CN^-$	7.8×10^{-18}
$Hg(CN)_4^{2-} \Leftrightarrow Hg^{2+} + 4\ CN^-$	3×10^{-42}
$Zn(OH)_4^{2-} \Leftrightarrow Zn^{2+} + 4\ OH^-$	3.3×10^{-16}
$Zn(OH)_4^{2-} \Leftrightarrow Zn(OH)_2(s) + 2\ OH^-$	4.54
$Al(OH)_4^- \Leftrightarrow Al^{3+} + 4\ OH^-$	1×10^{-34}
$Al(OH)_4^- \Leftrightarrow Al(OH)_3(s) + OH^-$	6.2×10^{-2}
$Sn(OH)_3^- \Leftrightarrow Sn^{2+} + 3\ OH^-$	4.1×10^{-26}
$Sn(OH)_3^- \Leftrightarrow Sn(OH)_2(s) + OH^-$	2.63
$Pb(OH)_3^- \Leftrightarrow Pb^{2+} + 3\ OH^-$	9.1×10^{-15}
$Pb(OH)_3^- \Leftrightarrow Pb(OH)_2(s) + OH^-$	21.74
$2\ Sb(OH)_4^- \Leftrightarrow Sb_2O_3(s) + 3\ H_2O + 2\ OH^-$	1.3×10^4
$HgI_4^{2-} \Leftrightarrow Hg^{2+} + 4\ I^-$	5.3×10^{-31}
$FeSCN^{2+} \Leftrightarrow Fe^{3+} + SCN^-$	9.4×10^{-4}
$Hg(SCN)_4^{2-} \Leftrightarrow Hg^{2+} + 4\ SCN^-$	1.3×10^{-22}
$Ag(S_2O_3)_2^{3-} \Leftrightarrow Ag^+ + 2\ S_2O_3^{2-}$	3.5×10^{-14}

5. 용해도곱상수(25℃)

분자식	K_{sp}	분자식	K_{sp}
$Al(OH)_3$	1.4×10^{-34}	$MgNH_4PO_4 \cdot 6H_2O$	2.5×10^{-43}
$BaCO_3$	1.6×10^{-9}	$MgCO_3$	1×10^{-5}
$BaCrO_4$	1.2×10^{-10}	MgF_2	6.4×10^{-9}
BaF_2	2.4×10^{-5}	$Mg(OH)_2$	1.1×10^{-11}
$BaC_2O_4 \cdot 2H_2O$	1.5×10^{-8}	MgC_2O_4	8.6×10^{-5}
$BaSO_4$	1.0×10^{-10}	$MnCO_3$	8.8×10^{-11}
$CaCO_3$	4.7×10^{-9}	$Mn(OH)_2$	1.6×10^{-13}
$CaCrO_4$	7.1×10^{-4}	MnS	1×10^{-11}
CaF_2	1.7×10^{-10}	Hg_2I_2	1.3×10^{-18}
$CaC_2O_4 \cdot H_2O$	2.1×10^{-9}	Hg_2CrO_4	2×10^{-9}
$CaSO_4 \cdot 2H_2O$	2.4×10^{-5}	Hg_2I_2	4×10^{-29}
$Cd(OH)_2$	2.8×10^{-14}	HgO	3×10^{-26}
CdC_2O_4	2.8×10^{-8}	Hg_2SO_4	6.8×10^{-7}
CdS	7×10^{-27}	HgS	3×10^{-52}
$Cr(OH)_3$	7×10^{-31}	$Ni(OH)_2$	2×10^{-15}
$Co(OH)_2$	2×10^{-16}	NiS	2×10^{-21}
$Co(OH)_3$	1×10^{-43}	$AgC_2H_3O_2$	2.3×10^{-3}
CoS	8×10^{-23}	Ag_3AsO_4	1×10^{-22}
$CuCl$	3.2×10^{-7}	$AgBr$	5.2×10^{-13}
$CuCrO_4$	3.6×10^{-6}	Ag_2CO_3	8.2×10^{-12}
$Cu(OH)_2$	2.2×10^{-20}	$AgCl$	1.8×10^{-10}
CuI	1.1×10^{-12}	Ag_2CrO_4	2.4×10^{-12}
Cu_2S	1×10^{-48}	$AgCN$	2×10^{-16}
CuS	8×10^{-36}	AgI	8.3×10^{-17}
$Fe(OH)_2$	8×10^{-16}	Ag_2O	2.6×10^{-8}
$Fe(OH)_3$	6×10^{-38}	Ag_3PO_4	1×10^{-21}
FeS	5×10^{-48}	Ag_2SO_4	1.7×10^{-5}
$PbBr_2$	4.6×10^{-6}	Ag_2S	7×10^{-50}
$PbCO_3$	1.5×10^{-43}	$SrCO_3$	7×10^{-10}
$PbCl_2$	1.6×10^{-5}	$SrCrO_4$	5×10^{-6}
$PbCrO_4$	2×10^{-15}	SrF_2	7.9×10^{-10}
PbF_2	2.7×10^{-8}	$SrC_2O \cdot 4H_2O$	5.6×10^{-8}
$Pb(OH)_2$	4×10^{-15}	$SrSO_4$	7.6×10^{-7}
PbI_2	7.1×10^{-9}	$Sn(OH)_2$	1.6×10^{-27}
$PbC2O_4$	8×10^{-12}	$ZnCO_3$	2.1×10^{-11}
$PbSO_4$	1.7×10^{-8}	ZnC_2O_4	2.5×10^{-9}
PbS	8×10^{-28}	ZnS	8×10^{-25}

6. 표준환원전위(25℃)

반 반 응	ε°(volts)
$F_2(g) + 2\ e^- \rightarrow 2\ F^-$	2.87
$H_2O_2 + 2\ H_3O^+ + 2\ e^- \rightarrow 4\ H_2O$	1.776
$PbO_2(s) + SO_4^{2-} + 4\ H_3O^+ + 2\ e^- \rightarrow PbSO_4(s) + 6\ H_2O$	1.685
$Au^+ + e^- \rightarrow Au(s)$	1.68
$MnO_4^- + 4\ H_3O^+ + 3\ e^- \rightarrow MnO_2(s) + 6\ H_2O$	1.679
$HClO_2 + 2\ H_3O^+ + 2\ e^- \rightarrow HClO + 3\ H_2O$	1.64
$HClO + H_3O^+ + e^- \rightarrow \frac{1}{2}\ Cl_2(g) + 2\ H_2O$	1.63
$Ce^{4+} + e^- \rightarrow Ce^{3+}$(1 M HNO_3 solution)	1.61
$2\ NO(g) + 2\ H_3O^+ + 2\ e^- \rightarrow N_2O(g) + 3\ H_2O$	1.59
$BrO_3^- + 6\ H_3O^+ + 5\ e^- \rightarrow \frac{1}{2}\ Br_2(l) + 9\ H_2O$	1.52
$Mn^{3+} + e^- \rightarrow Mn^{2+}$	1.51
$MnO_4^- + 8\ H_3O^+ + 5\ e^- \rightarrow Mn^{2+} + 12\ H_2O$	1.491
$ClO_3^- + 6\ H_3O^+ + 5\ e^- \rightarrow Cl_2(g) + 9\ H_2O$	1.47
$PbO_2(s) + 4\ H_3O^+ + 2\ e^- \rightarrow Pb^{2+} + 6\ H_2O$	1.46
$Au^{3+} + 3\ e^- \rightarrow Au(s)$	1.42
$Cl_2(g) + 2\ e^- \rightarrow 2\ Cl^-$	1.3583
$Cr_2O_7^{2-} + 14\ H_3O^+ + 6\ e^- \rightarrow 2\ Cr^{3+} + 21\ H_2O$	1.33
$O_3(g) + 2\ e^- \rightarrow O_2 + 2\ OH^-$	1.24
$O_2(g) + 4\ H_3O^+ + 4\ e^- \rightarrow 6\ H_2O$	1.229
$MnO_2(s) + 4\ H_3O^+ + 2\ e^- \rightarrow Mn^{2+} + 6\ H_2O$	1.208
$ClO_4^- + 2\ H_3O^+ + 2\ e^- \rightarrow ClO_3 + 3\ H_2O$	1.19
$Br_2(l) + 2\ e^- \rightarrow 2\ Br^-$	1.065
$NO_3^- + 4\ H_3O^+ + 3\ e^- \rightarrow NO(g) + 6\ H_2O$	0.96
$2\ Hg^{2+} + 2\ e^- \rightarrow Hg_2^{2+}$	0.905
$Ag^+ + e^- \rightarrow Ag(s)$	1.7996
$Hg_2^{2+} + 2\ e^- \rightarrow 2\ Hg(l)$	0.7961
$Fe^{3+} + e^- \rightarrow Fe^{2+}$	0.770
$O_2(g) + 2\ H_3O^+ + 2\ e^- \rightarrow H_2O_2 + 2\ H_2O$	0.682
$BrO_3^- + 3\ H_3O^+ + 6\ e^- \rightarrow Br^- + 6\ OH^-$	0.61
$MnO_4^- + 3\ e^- \rightarrow MnO_2(s) + 4\ OH^-$	0.588
$I_2(s) + 2\ e^- \rightarrow 2\ I^-$	0.535
$Cu^+ + e^- \rightarrow Cu(s)$	0.522
$O_2(g) + 2 \quad + 4\ e^- \rightarrow 4\ OH^-$	0.401
$Cu^{2+} + 2\ e^- \rightarrow Cu(s)$	0.3402
$PbO_2(s) + 2\ e^- \rightarrow PbO_2(s) + 2\ OH^-$	0.28
$Hg_2Cl_2(s) + 2\ e^- \rightarrow 2\ Hg(l) + 2\ Cl^-$	0.2682

반 반 응	ε°(volts)
$AgCl(s) + e^- \rightarrow Ag(s) + Cl^-$	0.2223
$SO_4^{2-} + 4\ H_3O^+ + 2\ e^- \rightarrow H_2SO_3 + 5\ H_2O$	0.20
$Cu^{2+} + e^- \rightarrow Cu^+$	0.158
$S_4O_6^{2-} + 2\ e^- \rightarrow 2\ S_2O_3^{2-}$	0.0895
$NO_3^- + H_2O + 2\ e^- \rightarrow NO_2^- + 2\ OH^-$	0.01
$2\ H_3O^+ + 2\ e^- \rightarrow H_2(g) + 2\ H_2O(l)$	0.000
$Pb^{2+} + 2\ e^- \rightarrow Pb(s)$	− 0.1263
$Sn^{2+} + 2\ e^- \rightarrow Sn(s)$	− 0.1364
$Ni^{2+} + 2\ e^- \rightarrow Ni(s)$	− 0.23
$Co^{2+} + 2\ e^- \rightarrow Co(s)$	− 0.28
$PbSO_4(s) + 2\ e^- \rightarrow Pb(s) + SO_4^{2-}$	− 0.356
$Mn(OH)_3(s) + e^- \rightarrow Mn(OH)_2(s) + OH^-$	− 0.40
$Cd^{2+} + 2\ e^- \rightarrow Cd(s)$	− 0.4026
$Fe^{2+} + 2\ e^- \rightarrow Fe(s)$	− 0.409
$Cr^{3+} + e^- \rightarrow Cr^{2+}$	− 0.41
$Cr^{2+} + 2\ e^- \rightarrow Cr(s)$	− 0.557
$Fe(OH)_3(s) + e^- \rightarrow Fe(OH)_2(s) + OH^-$	− 0.56
$PbO(s) + H_2O + 2\ e^- \rightarrow Pb(s) + 2\ OH^-$	− 0.576
$2\ SO_3^{2-} + 3\ H_2O + 4\ e^- \rightarrow S_2O_3^{2-} + 6\ OH^-$	− 0.58
$Ni(OH)_2(s) + 2\ e^- \rightarrow Ni(s) + 2\ OH^-$	− 0.66
$Co(OH)_2(s) + 2\ e^- \rightarrow Co(s) + 2\ OH^-$	− 0.73
$Cr^{3+} + 3\ e^- \rightarrow Cr(s)$	− 0.74
$Zn^{2+} + 2\ e^- \rightarrow Zn(s)$	− 0.7628
$2\ H_2O + 2\ e^- \rightarrow H_2(g) + 2\ OH^-$	− 0.8277
$SO_4^{2-} + H_2O + 2\ e^- \rightarrow SO_3^{2-} + 2\ OH^-$	− 0.92
$Mn^{2+} + 2\ e^- \rightarrow Mn(s)$	− 1.029
$Mn(OH)_2(s) + 2\ e^- \rightarrow Mn(s) + 2\ OH^-$	− 1.47
$Al^{3+} + 3\ e^- \rightarrow Al(s)$	− 1.706
$Sc^{3+} + 3\ e^- \rightarrow Sc(s)$	− 2.08
$Ce^{3+} + 3\ e^- \rightarrow Ce(s)$	− 2.335
$La^{3+} + 3\ e^- \rightarrow La(s)$	− 2.37
$Mg^{2+} + 2\ e^- \rightarrow Mg(s)$	− 2.375
$Mg(OH)_2(s) + 2\ e^- \rightarrow Mg(s) + 2\ OH^-$	− 2.69
$Na^+ + e^- \rightarrow Na(s)$	− 2.7109
$Ca^{2+} + 2\ e^- \rightarrow Ca(s)$	− 2.76
$Ba^{2+} + 2\ e^- \rightarrow Ba(s)$	− 2.90
$K^+ + e^- \rightarrow K(s)$	− 2.925
$Li^+ + e^- \rightarrow Li(s)$	− 3.045

7. 지 시 약

지시약	pH 범위	변 색	용 매
Methyl violet	0.2 ~ 3.0	황 색 - 청 색	H_2O
Thymol blue	1.2 ~ 2.8	적 색 - 황 색	H_2O (+NaOH)
Benzopurpurine 4B	1.2 ~ 4.0	보 라 - 적 색	20% Alcohol
Methyl orange	3.1 ~ 4.4	적 색 - 등황색	H_2O
Bromphenol blue	3.0 ~ 4.6	황 색 - 청자색	H_2O (+NaOH)
Congo red	3.0 ~ 5.0	청 색 - 적 색	70% Alcohol
Bromcresol green	3.8 ~ 5.4	황 색 - 청 색	H_2O (+NaOH)
Methyl red	4.4 ~ 6.2	적 색 - 황 색	H_2O (+NaOH)
Chlorphenol red	4.8 ~ 6.8	청 색 - 적 색	H_2O (+NaOH)
Bromcresol purple	5.2 ~ 6.8	황 색 - 적자색	H_2O (+NaOH)
Litmus	4.5 ~ 8.3	적 색 - 청 색	H_2O
Bromthymol blue	6.0 ~ 7.6	황 색 - 청 색	H_2O (+NaOH)
Phenol red	6.8 ~ 8.2	황 색 - 적 색	H_2O (+NaOH)
Thymol blue	8.0 ~ 9.2	황 색 - 청 색	H_2O (+NaOH)
Phenolphthalein	8.3 ~ 10.0	무 색 - 적 색	70% Alcohol
Thymolphthalein	9.3 ~ 10.5	황 색 - 청 색	70% Alcohol
Alizarin yellow R	10.0 ~ 12.0	청 색 - 적 색	95% -Alcohol
Indigo carmine	11.4 ~ 13.0	청 색 - 황 색	50% -Alcohol
Trinitrobenzene	12.0 ~ 14.0	무 색 - 등 색	70% -Alcohol

8. 실험실에서 흔히 쓰이는 시약

1) 산

이 름	성 질
황산 (H_2SO_4)	진한 황산은 18 M H_2SO_4(비중:1.84, 무게로 98 %)로 판매되고 있으며, 매우 강한 산이다. 묽게 할 때 많은 열을 방출하므로 진한 황산을 물에 천천히 가하면서 젓개로 저어주어야 한다. (거꾸로, 진한 황산에 물을 천천히 더해주는 방법은 매우 위험하다!) 진한 황산은 탈수력이 강하여 의복에 묻으면 구멍이 생기고 피부에 닿으면 피부를 손상시키므로 주의해서 취급해야 한다.
질산 (HNO_3)	진한 질산은 15 M HNO_3(비중:1.42, 무게로 70 %)로 판매되고 있으며, 매우 강한 산이다. 산화력이 강하여 많은 금속을 녹이고, 보통 갈색의 NO_2 기체를 발생시킨다. 질산이 피부에 묻으면 피부를 노란색으로 변하게 하여 피부를 손상시킨다.
염산 (HCl)	진한 염산은 12 M HCl(비중:1.2, 무게로 36 %)로 판매되고 있으며, 강한 산이다. Zn, Na, K 같은 많은 금속과 반응하여 수소기체와 금속의 양이온을 생성시킨다. 염산은 휘발성이 크므로 가열하면 제거된다.
아세트산 (CH_3COOH)	흔히 빙초산이라 불르는 진한 아세트산은 겨울에는 고체(녹는점 17℃)로 존재한다. 18 M CH_3COOH(비중:1.06, 무게로 99.7 %)는 약한산이며, 온도를 높여 액체로 만들어 사용한다. 산성의 완충용액으로 많이 사용된다.
인산 (H_3PO_4)	H_3PO_4는 3단계로 이온화하는 약한 산이다. 보통 85 % H_3PO_4를 포함하는 15 M용액으로 시판되고 있다. 이것을 시럽인산이라고 한다. H_3PO_4는 비교적 휘발성이 없고, 가열하여도 분해되지 않으며 염산(HCl)같은 산화력이 없다.
왕수 (aqua regia)	이 산 용액은 금을 녹이므로 옛날부터 왕수(Royal Water)라고 부른다. 진한 염산(12 M HCl) 3부피와 진한 질산(15 M HNO_3) 1부피를 섞어서 만든다. 이 시약은 안정하지 않으므로 필요할 때 소량을 만들어서 써야 한다. 이것은 HNO_3이나 HCl과 같은 단일 산이 녹이지 못하는 여러 물질을 녹인다. 주의할 점은 이 비율 이외의 다른 비율로 진한 두 산(염산과 질산)을 섞어서는 만들어지지 않는다.

2) 염 기

이 름	성 질
수산화소듐 (NaOH)	흔히 가성소다라고 불리는 수산화소듐(NaOH)은 상온에서 고체인데, 이것이 물에 녹을 때 많은 열을 방출한다. 고체 NaOH는 조해성이 있어 건조제로 사용된다. (조해성: 고체의 표면에 공기중의 수분이 흡착되어 고체 표면이 매우 천천이 녹는 성질.) 한편, 수용액은 강한 염기로 공기 중의 CO_2를 흡수하여 탄산염을 만들기 때문에 CO_2를 제거하는 데 사용된다. 그러므로 수산화소듐 수용액은 항상 사용하기 직전에 준비하여야 하고, 정밀한 실험을 위해서는 KHP와 같은 1차 표준물질을 사용하여 표준화하여야 한다.
석회수 $Ca(OH)_2$	수산화칼슘을 물에 넣고 잘 흔들어 하룻밤 둔 후 위층 맑은 포화용액을 사용한다.(농도가 0.02 M인 0.15% 석회수가 된다.)
암모니아용액 (NH_3)	진한 암모니아 수용액은 무게로 30%의 암모니아를 포함한 15 M NH_3용액이다. 약염기이며, 완충용액을 만드는데 사용하고, Cu^{2+}, Ag^{+}, Co^{2+}, Co^{3+}, Fe^{2+}, Fe^{3+} 등의 양이온과 착이온을 형성한다. 과량의 암모니아 용액은 수산화소듐 용액을 가하고 가열하면 쉽게 제거할 수 있다.

3) 특수 시약

이 름	성 질
과산화수소 (H_2O_2)	이 시약은 30 % 용액으로 시판되지만, 실험실에서는 훨씬 묽은 용액을 쓴다. H_2O_2는 상당히 센 산화제이다. (염기성 용액에서 Cr(Ⅲ)을 Cr(Ⅳ)로 산화시킨다.) H_2O_2는 또한 약간의 환원력을 가진다. 용액에 포함된 여분의 H_2O_2는 수분동안 가열하면 제거될 수 있다.
과망간산포타슘 ($KMnO_4$)	이 화합물은 상당히 센 산화제이고, 환원생성물은 산성 용액에서는 Mn^{2+}이온이고, 염기성 용액에서는 녹지 않는 MnO_2이다. 과망간산포타슘과 18 M 황산을 섞어서는 절대로 안 되는데, 그 까닭은 아주 폭발성이 큰 화합물을 만들기 때문이다.
중크롬산포타슘 ($K_2Cr_2O_7$)	이 시약은 센 산화제로서 환원생성물은 초록빛 Cr^{3+}이온이다. 오렌지색의 $Cr_2O_7^{2-}$ 이온은 산성 용액에서 안정하고, 염기성 용액에서는 노란 CrO_4^{2-}이온으로 변한다.

이 름	성 질
티오아세트아미드 (CH_3CSNH_2)	이 고체 유기화합물은 산성 및 염기성 용액에서 쉽게 가수분해되어 H_2S를 발생한다. 따라서, 정성분석에서 황화물 침전을 시키기 위한 H_2S의 편리한 공급원으로 쓰인다.
표백분	필요할 때 표백분 1 g에 물 9 g을 넣고 이겨서 여과하면 10%의 표백분이 얻어진다.
요오드-요오드화포타슘	요오드화포타슘 0.5 g과 요오드 0.3 g을 물 250 mL에 녹여 갈색병에 보관한다(0.12%).
전분	1 %의 전분용액은 전분 1 g을 물 100 mL에 넣고, 끓여 녹인다. 오랫동안 보존하려면 이것에 1~2 mg의 요오드화 제이수은을 넣고 끓여서 녹여둔다.
페엘링 용액	황산구리수화물($CuSO_4 \cdot 5H_2O$) 6.9 g을 물에 녹여 100 mL로 한다. 주석산소듐 포타슘 34.6 g과 수산화소듐 10 g을 물에 녹여서 100 mL로 한다. 사용할 때는 위의 두 용액을 같은 부피로 섞어서 쓴다.
네슬러 시약	요오드화포타슘 5 g을 뜨거운 물 5 mL에 녹여 이것에 염화제이수은 2.5 g을 뜨거운 물 10 mL에 녹여 만든 용액을 조금씩 가하고 흔들어서, 생성한 침전의 일부가 녹지 않고 남을 정도로 되었을 때 냉각한다. 이것에 수산화포타슘 1.5 g을 넣어 물 30 mL에 녹여 만든 용액을 넣고 다시 물을 넣어 100 mL로 한다. 다시 염화제이수은 용액 0.5 mL를 가하고 놓아둔 다음 사용한다. 갈색-병에 넣어 어두운 곳에 보관한다.
EBT 지시약	Eriochrome Black T 0.5 g과 hydroxylamine hydrochloric acid 4.5 g을 methanol 100 mL에 용해시켜 만든다.
EDTA 용액	Disodium etylenediamine tetraacetic acid 약 3.8 g을 물에 용해시켜 1,000 mL로 하면 0.02 N의 EDTA 용액이 얻어진다.

9. 주기율표

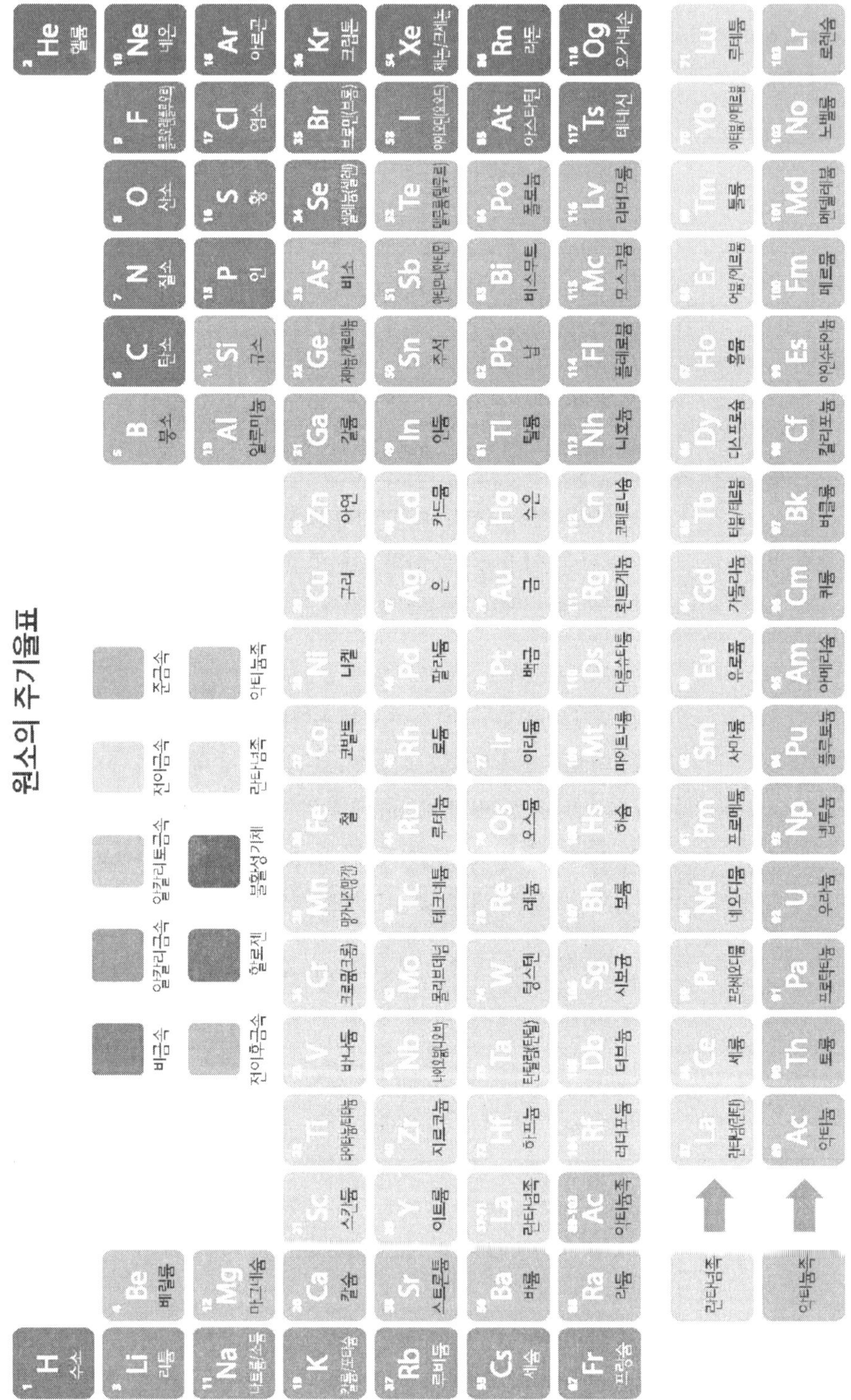

일반화학실험

인쇄 | 2024년 3월 1일
발행 | 2024년 3월 5일

지은이 | 경영수 · 김용주 · 백경구 · 윤병집
전상일 · 정은희 · 정진승 · 최석정
펴낸이 | 조승식
펴낸곳 | (주)도서출판 북스힐

등 록 | 1998년 7월 28일 제22-457호
주 소 | 서울시 강북구 한천로 153길 17
전 화 | (02) 994-0071
팩 스 | (02) 994-0073

홈페이지 | www.bookshill.com
이메일 | bookshill@bookshill.com

정가 15,000원

ISBN 979-11-5971-574-7

Published by bookshill, Inc. Printed in Korea.